胶州湾石油时空变化的过程及机制

杨东方　陈　豫　著

科学出版社
北　京

内 容 简 介

本书创新地从时空变化研究石油 (PHC) 在胶州湾水域的分布和迁移过程。在空间尺度上，通过对每年 PHC 数据的分析，从含量、水平分布、垂直分布和季节分布的角度，研究 PHC 在胶州湾水域的来源、水质、分布以及迁移状况，揭示 PHC 的时空迁移规律。在时间尺度上，通过对 10 年 PHC 数据的探讨，研究 PHC 在胶州湾水域的变化过程，展示 PHC 的迁移过程和变化趋势：含量的年份变化、来源变化过程、陆地迁移过程、沉降过程及水域迁移过程。PHC 的这些时空迁移规律和时空变化过程为研究其在水体中的迁移提供了坚实的理论基础，也对其他有机化合物在水体中的迁移研究给予启迪。

本书共分为 24 章，主要内容为 PHC 在胶州湾水域的来源、水质、分布和迁移状况，以及 PHC 的迁移规律、迁移过程和变化趋势等。

本书适合海洋地质学、环境学、化学、物理海洋学、生物学、生物地球化学、生态学、海湾生态学和河口生态学的有关科学工作者和相关学科的专家参阅，也可供高等院校师生作为教学和科研参考。

图书在版编目(CIP)数据

胶州湾石油时空变化的过程及机制 / 杨东方，陈豫著. —北京：科学出版社，2022.6

ISBN 978-7-03-069435-5

Ⅰ.①胶⋯ Ⅱ.①杨⋯ ②陈⋯ Ⅲ.①黄海–海湾–石油污染–研究 Ⅳ.①X55

中国版本图书馆 CIP 数据核字 (2021) 第 150036 号

责任编辑：刘莉莉／责任校对：彭 映
责任印制：罗 科／封面设计：墨创文化

科学出版社出版
北京东黄城根北街16号
邮政编码：100717
http://www.sciencep.com

四川煤田地质制图印刷厂印刷
科学出版社发行 各地新华书店经销

*

2022 年 6 月第 一 版 开本：B5 (720×1000)
2022 年 6 月第一次印刷 印张：14 1/2
字数：290 000

定价：149.00 元
（如有印装质量问题，我社负责调换）

六六六(HCH)的含量在海域水体中分布的均匀性,揭示了海洋潮汐、海流的作用使海洋具有均匀性的特征。就像容器中的液体,加入物质,不断地摇晃、搅动。潮汐就像垂直摇晃,而海流就像水平搅动。随着时间的推移,物质在液体中渐渐地均匀分布。这样,海洋的潮汐、海流对海洋中所有物质都进行搅动、输送,使海洋中的所有物质在海洋的水体中都非常均匀地分布。在近岸浅海主要靠潮汐的作用,在深海主要靠海流的作用,当然还有其他辅助作用,如风暴潮、海底地震等。所以,随着时间的推移,各种作用尽可能地使海洋中的物质都分布均匀,故海洋具有均匀性。

可爱的大海如此伟大,我却如此渺小。

杨东方

摘自《胶州湾水域有机农药六六六的分布及均匀性》.

海岸工程, 2011, 30(2): 66-74.

在工业、农业、城市生活的迅速发展中,人类大量使用了Hg。于是,Hg污染了环境和生物。一方面,Hg污染了生物,在一切生物体内累积,而且,通过食物链的传递,进行富集放大,最后连人类自身都受到重金属Hg毒性的危害。另一方面,Hg污染了环境,经过河流和地表径流输送,污染了陆地、江、河、湖泊和海洋,最后污染了人类生活的环境,危害了人类的健康。因此,人类不能为了自己的利益,既危害了地球上的其他生命,反过来又危害到自身的生命。人类要减少对赖以生存的地球的污染,要顺应自然规律,才能够健康可持续地生活。

杨东方

摘自 Effect of Hg in Jiaozhou Bay waters- transfer laws.

2014 IEEE Workshop on Electronics, Computer and Applications.

Part C, 2014:1052-1054.

作者简介

杨东方　1984 年毕业于延安大学数学系(学士)；1989年毕业于大连理工大学应用数学研究所(硕士)，研究方向：Lenard 方程唯 n 极限环的充分条件，微分方程在经济、管理、生物方面的应用。

　　1999 年毕业于中国科学院青岛海洋研究所(博士)，研究方向：营养盐硅、光和水温对浮游植物生长的影响，专业为海洋生物学和生态学；同年在青岛海洋大学化学化工学院和环境科学与工程研究院做博士后研究工作，研究方向：胶州湾浮游植物的生长过程的定量化初步研究。2001 年出站后到上海水产大学工作，主要从事海洋生态学、生物学、经济学和数学等学科教学以及海洋生态学和生物地球化学领域的研究。2001 年被国家海洋局北海分局监测中心聘为教授级高级工程师，2002 年被青岛海洋局一所聘为研究员。

　　2004 年 6 月被核心期刊《海洋科学》聘为编委。2005 年 7 月被核心期刊《海岸工程》聘为编委。2005 年获得国家海洋创新成果二等奖(第 7 名)(《天津临港工业区滩涂开发一期工程海域使用论证》)。2006 年 2 月被核心期刊《山地学报》聘为编委。2006 年 11 月被温州医学院聘为教授。2007 年 11 月被中国科学院生态环境研究中心聘为研究员。2008 年 4 月被浙江海洋学院聘为教授。2009 年 8 月被中国地理学会聘为环境变化专业委员会委员。2009 年 11 月《中国期刊高被引指数》总结了 2008 年度学科高被引作者：海洋学(总被引频次/被引文章数)杨东方(12/5)(www.ebiotrade.com)。2010 年山东卫视对《胶州湾浮游植物的生态变化过程与地球生态系统的补充机制》和《海湾生态学》给予了书评。2010 年《山地学报》对《数学模型在生态学的应用及研究》给予了书评。2010 年《浮游植物的生态与地球生态系统的机制》获得浙江省高等学校科研成果三等奖(第 1 名)。2011 年 12 月被核心期刊《林业世界》聘为编委。2011 年 12 月成立浙江海洋学院生物地球化学研究所，被聘为该所的所长。2012 年 11 月被国家海洋局闽东海洋环境监测中心站聘为项目办主任。2013 年 3 月被陕西理工学院聘为汉江学者。2013 年 11月被贵州民族大学聘为教授。2014 年 10 月被中国海洋学会聘为军事海洋学专业委员会委员。2015 年 11 月被陕西国际商贸学院聘为教授。2016 年 8 月被西京学院聘为教授。2017 年 10 月被 AEIC 学术交流中心聘为主席和秘书长。2018 年 2

月被国家卫生计生委聘为专家。2018年12月被AEIC学术交流中心聘为专家指导委员会委员。2019年12月获得广东省高层次人才成果转化平台的突出贡献奖。2022年2月被西安交通工程学院聘为教授。2022年5月被IEEE电力与能源协会聘为IEEE PES智慧能源区块链委员会的常务理事。参加了国际的GLOBEC(全球海洋生态系动力学)研究计划中由18个国家和地区联合进行的南海考察(在海上历时3个月)、国际的LOICZ(海岸带陆海相互作用)研究计划中在黄海东海的考察及国际的JGOFS(全球海洋通量联合研究)计划中在黄海东海的考察。多次参加青岛胶州湾、烟台近海的海上调查及获取数据工作。参加了胶州湾等水域的生态系统动态过程和持续发展等课题的研究。

指导的硕士研究生已经毕业的有21名。发表第一作者的论文516篇,出版第一作者的专著和编著78部,授权第一作者的专利29项;其他名次论文51篇。2019年3月2日中国知网数据库查到第一作者的论文58篇,一共被引用1078次。目前,正在进行西南喀斯特地区、胶州湾、浮山湾和长江口以及浙江近岸水域的生态学、环境学、经济学、生物地球化学、区域人口健康学的过程研究。

研究方向:环境学、生态学、生物地球化学、经济学、区域人口健康学和医药学。

研究内容:①营养盐的生物地球化学过程;②重金属的水域扩散过程;③有机污染物的迁移过程;④水域环境的现状及变化趋势;⑤气候的演替模式及预测;⑥经济学的应用;⑦人口健康的服务工程。

作者发表的与本书主要相关的文章

1. Dongfang Yang, Youchi Zhang, Jie Zou, et al. Contents and distribution of petroleum hydrocarbons（PHC）in Jiaozhou Bay waters [J]. Open Journal of Marine Science, 2011, 1（3）: 108-112.

2. 杨东方,孙培艳,陈晨,等. 胶州湾水域石油烃的分布及污染源[J]. 海岸工程, 2013, 32（1）: 60-72.

3. Dongfang Yang, Peiyan Sun, Lian Ju, et al. Distribution and changing of petroleum hydrocarbon in Jiaozhou Bay waters [J]. Applied Mechanics and Materials, 2014, 644-650: 5312-5315.

4. Dongfang Yang, Youfu Wu, Huozhong He, et al. Vertical distribution of petroleum hydrocarbon in Jiaozhou Bay[C]. Proceedings of the 2015 International Symposium on Computers and Informatics, 2015: 2647-2654.

5. Dongfang Yang, Fengyou Wang, Sixi Zhu, et al. Distribution and homogeneity of petroleum hydrocarbon in Jiaozhou Bay[C]. Proceedings of the 2015 International Symposium on Computers and Informatics, 2015: 2661-2666.

6. Dongfang Yang, Peiyan Sun, Lian Ju, et al. Input features of petroleum hydrocarbon in Jiaozhou Bay[C]. Proceedings of the 2015 International Symposium on Computers and Informatics, 2015: 2675-2680.

7. Dongfang Yang, Sixi Zhu, Fengyou Wang, et al. Distribution and low-value feature of petroleum hydrocarbon in Jiaozhou Bay [C]. 4th International Conference on Energy and Environmental Protection, 2015: 3784-3788.

8. Dongfang Yang, Fengyou Wang, Sixi Zhu, et al. River was the only source of PHC in Jiaozhou Bay in 1984 [J]. Advances in Engineering Research, 2015: 431-434.

9. Yu Chen, Danfang Yang, Xiancheng Qu, et al. Migration rules of PHC in bottom waters in Jiaozhou Bay [J]. Advances in Engineering Research, Part E, 2016: 1356-1360.

10. Dongfang Yang, Sixi Zhu, Fengyou Wang, et al. Change laws of PHC contents in bottom waters in the bay mouth of Jiaozhou Bay [J]. Advances in Engineering Research, 2016, 60: 1351-1355.

11. Dongfang Yang, Fengyou Wang, Sixi Zhu, et al. Effects of PHC on water quality

of Jiaozhou Bay Ⅰ. Annual variation of PHC content [J]. Meteorological and Environmental Research, 2015, 6(11-12): 31-34.

12. Dongfang Yang, Fengyou Wang, Sixi Zhu, et al. Effects of PHC on water quality of Jiaozhou Bay Ⅱ. Changing process of pollution sources [J]. Meteorological and Environmental Research, 2016, 7(1): 44-47.

13. Dongfang Yang, Fengyou Wang, Sixi Zhu, et al. The diffusion of PHC from Jiaozhou Bay to the open waters [J]. Advances in Engineering Research, 2016, 80: 1003-1007.

14. Dongfang Yang, Sixi Zhu, Fengyou Wang, et al. Effects of PHC on water quality of Jiaozhou Bay Ⅲ. Land transfer process [J]. Meteorological and Environmental Research, 2016, 7(2): 48-51.

15. Dongfang Yang, Sixi Zhu, Ming Wang, et al. Effects of PHC on water quality of Jiaozhou Bay Ⅳ. Sedimentation process [J]. Meteorological and Environmental Research, 2016, 7(3): 56-59.

16. Dongfang Yang, Xiancheng Qu, Danfeng Yang, et al. The pollution level of PHC in open waters of Jiaozhou Bay [J]. Advances in Engineering Research, 2016, 88: 1978-1982.

17. Dongfang Yang, Sixi Zhu, Fengyou Wang, et al. Effects of PHC on water quality of Jiaozhou Bay Ⅴ. Water transfer process [J]. Meteorological and Environmental Research, 2016, 7(4): 40-43.

18. Dongfang Yang, Fengyou Wang, Sixi Zhu, et al. Effects of PHC on water quality of Jiaozhou Bay Ⅵ. Transfer laws [J]. Meteorological and Environmental Research, 2016, 7(5): 69-72.

19. Dongfang Yang, Zhenqing Miao, Sixi Zhu, et al. Impact of riverine input on PHC in Jiaozhou Bay [J]. Journal of Computing and Electronic Information Management, 2017, 4(5): 530-535.

20. Dongfang Yang, Zhenqing Miao, Jianxun Chai, et al. Migration paths of PHC in Jiaozhou Bay [J]. Advances in Engineering Research, 2018, 78: 534-538.

21. Dongfang Yang, Haixia Li, Xiaolong Zhang, et al. Changes of petroleum hydrocarbon in Jiaozhou Bay 1984 — 1988 [J]. Applied Ecology and Environmental Research, 2018, 16(4): 3969-3979.

22. Dongfang Yang, Sixi Zhu, Bailing Fan, et al. A comprehensive research on petroleum hydrocarbon's migration processes in Jiaozhou Bay [J]. MATEC Web, 2018, 175(04018): 1-3.

23. Dongfang Yang, Hongmin Suo, Sixi Zhu, et al. Source input and storage of petroleum hydrocarbon in Jiaozhou Bay [J]. Earth and Environment Science,

2018, 382(052043): 1-6.

24. Dongfang Yang, Haixia Li, Xiaolong Zhang, et al. Spatial distribution characters of petroleum hydrocarbon in Jiaozhou Bay 1989 [J]. Earth and Environment Science, 2018, 186(012057): 1-7.

25. Dongfang Yang, Dong Lin, Yuan Zhang, et al. Collaborative influence of river discharge and marine current on PHC in Jiaozhou Bay [J]. Earth and Environment Science, 2019, 218(012148): 1-5.

26. Dongfang Yang, Haixia Li, Dong Lin, et al. Influence of source input on spatial-temporal variations of PHC in Jiaozhou Bay [J]. Advances in Computer,Signals and Systems, 2018, 8: 167-170.

27. Dongfang Yang, Chengling Huang, Xiuqin Yang, et al. The major source of PHC as oil spills in Jiaozhou Bay 1991 [J]. Earth and Environment Science, 2019, 295(052025): 1-6.

28. Dongfang Yang, Wenliang Tao, Chengling Huang, et al. The dynamic vertical variation rule of Dongfang Yang [J]. IEEE, 2019, 00152: 655-659.

29. Dongfang Yang, Wenliang Tao, Ming Wang, et al. The slowly rising cadmium content at bottom [J]. IEEE, 2019, 00153: 660-663.

30. Dongfang Yang, Haixia Li, Dong Lin, et al. Gradually increasing petroleum content in Jiaozhou Bay waters [J]. EDP Sciences, 2019, 136(06014): 1-6.

31. Dongfang Yang, Haixia Li, Dong Lin, et al. The transport process of PHC content at sea[J]. Earth and Environment Science, 2019, 358(022035): 1-6.

32. Dongfang Yang, Haixia Li, Dong Lin, et al. Decreasing and migration process of PHC content in central Jiaozhou Bay [J]. Journal of Physics, 2020, 1486(042030): 1-6.

33. Dongfang Yang, Haixia Li, Dong Lin, et al. Decreasing and migration process of oil spill at sea[J]. Earth and Environment Science, 2020, 461(012089): 1-9.

34. Dongfang Yang, Chunhua Su, Yunjie Wu, et al. PHC content of the sources affecting the whole waterbody [J]. Earth and Environment Science, 2020, 461(012090): 1-6.

35. Dongfang Yang, Haixia Li, Haoyuan Ren, et al. Seasonal variation mechanism of PHC content in the surface and at the bottom [J]. Earth and Environment Science, 2020, 461(012091): 1-6.

36. Dongfang Yang, Dongmei Jing, Danfeng Yang, et al. Sedimentation process of petroleum from different sources in the Jiaozhou Bay [J]. Journal of Coastal Research, 2020, 108: 166-172.

自　序

　　中国正处在工业化、农业化的高速发展时期，同时，农村也在大力向城市化发展。经济的迅猛飞跃向前和生活水平的日新月异都加大了能源的耗费，如石油。石油是工业的血液，在国民经济发展中具有不可替代的作用。石油消费的大量增长与中国经济的发展形成了强烈的依存关系。1979 年以来，中国工业迅速发展，石油消费快速增加。在工业、农业和人们日常生活中都离不开石油。石油经过加工提炼，可以得到的产品大致可分为四大类：燃料、润滑油、沥青、溶剂。利用现代的石油加工技术，从石油宝库中人们已能获取 5000 种以上的产品，石油产品已遍及工业、农业、国防、交通运输和人们日常生活的各个领域。因此，在日常的生活中处处都离不开石油产品。

　　在生产和冶炼石油的过程中，向大气、陆地和大海排放大量的石油污染物。由此认为，在空气、土壤、地表、河流等任何地方都有石油的残留，以各种不同的化学产品和污染物质的形式存在。而且经过地面水和地下水，石油的残留物都将汇集到河流中，最后迁移到海洋的水体中。

　　石油（PHC）是一种黏稠的深褐色液体，是各种烷烃、环烷烃、芳香烃的混合物。PHC 在水里迁移的过程中，可溶于多种有机溶剂，不溶于水，但可与水形成乳状液。其毒性大，难分解，分布广，危害重，在大量使用的同时也给环境造成难以修复的危害。而且，其化学性质稳定，在环境中残留持久，不易降解，在生物体内累积，通过食物链传递对人类和生态系统都有潜在的危害。因此，本书揭示 PHC 在水体中的迁移规律、迁移过程和变化趋势等，为 PHC 等有机化合物的研究提供坚实的理论基础，也为消除 PHC 等有机化合物在环境中的残留以及治理PHC 等有机化合物的环境污染提供理论依据。

　　本书在西安交通工程学院出版基金、西京学院出版基金、土地利用和气候变化对乌江径流的影响研究（黔教合 KY 字[2014]266 号）项目、威宁草海浮游植物功能群与环境因子关系（黔科合 LH 字[2014]7376 号）项目、贵州民族大学出版基金和国家海洋局北海环境监测中心主任科研基金——长江口、胶州湾、浮山湾及其附近海域的生态变化过程（05EMC16）项目的共同资助下完成。

　　在书中，有许多方法、规律、过程、机制和原理被反复应用，以解决不同的实际问题和阐述不同的现象与过程。于是，出现许多相同的段落。同时，有些段落作为不同的条件来推出不同的结果；有些段落来自结果，又作为条件来推出新的结果。这样，就会出现有些段落的重复。如果只能第一次用，以后不再用，这样在以后的叙述和说明中就不完善，无法有充分的依据来证明结论，而且方法、规律、过程、机制和原理就变得无关紧要了。在书中，每一章都是独立地解决一个重要的问题，也许其中有些段落与其他章节中有重复。如果将重复的章节删除，内容便显得苍白无力、层次错乱。因此，从作者角度尽可能地保证每章内容的逻辑性、条理性、独立性、完整性和系统性。

作者通过对胶州湾水域的研究(2001～2020年)得到以下主要结果：

(1)根据PHC的含量、水平分布、垂直分布和季节分布状况，研究发现，在胶州湾东北部水域PHC的含量在春季超过了国家三类海水水质标准，在夏季超过了国家四类海水水质标准。在东北部近岸水域，PHC的含量变化有梯度形成：从高到低呈下降趋势，说明胶州湾水域中的PHC主要来源于工业废水和生活污水。

(2)表层PHC的水平分布和含量变化，展示了河流对PHC的大量输送和表层PHC含量的迅速下降。在胶州湾水体中，PHC表、底层含量没有明显的季节变化，PHC含量完全依赖于河流对PHC的大量输送。于是将河流输送的强度分为4个阶段，展示了河流输送PHC含量的强度变化过程。

(3)根据PHC在胶州湾湾口底层水域的含量和水平分布状况，作者提出湾口表、底层水域的物质浓度变化法则：经过垂直水体的效应作用，无论是从湾内到湾外，还是从湾外到湾内，物质浓度在不断地降低。

(4)根据PHC在胶州湾水域的含量变化以及表、底层水平分布状况，研究发现，胶州湾东部和东北部的海泊河、李村河和娄山河，还有北部的大沽河，都是胶州湾PHC污染的主要来源。因此，河流是PHC输送的主要载体。

(5)PHC在胶州湾水域的垂直分布和季节变化状况表明表、底层的水平分布趋势是否一致由PHC的表层含量和海底的累积决定。PHC的水域迁移过程表明河流对PHC的大量输送和表层PHC含量的迅速下降。

(6)根据PHC在胶州湾湾口底层水域的含量和水平分布状况，作者提出湾口底层水域的物质含量迁移规则：经过垂直水体的效应作用，PHC既可来自湾内，也可来自湾外。而且，无论是从湾内到湾外，还是从湾外到湾内，PHC都要经过湾口扩散。

(7)根据PHC在胶州湾水域的含量、分布特征和季节变化状况，在胶州湾西南沿岸水域，PHC在水体中分布是均匀的，展示了物质在海洋中的均匀分布特征。

(8)研究发现，PHC含量在湾口有一个低值区域，揭示了在胶州湾湾口水域水流给物质含量带来了低值性。

(9)研究发现，从湾口内侧到湾口外侧，无论沿梯度递减或者递增，PHC含量都形成了一系列不同梯度的平行线。而且有时PHC含量沿梯度由湾内向湾外递减，有时由湾外向湾内递减，展示了PHC的沉降过程：PHC大量沉降。

(10)研究发现，1979～1983年，在早期的春、夏季胶州湾受到PHC的重度污染，而到了晚期的春、夏季胶州湾受到 PHC 的轻度污染；在秋季，胶州湾一直保持受到 PHC 的轻度污染，说明了人类向环境排放 PHC 在春、夏季非常多，而在秋季比较少。

(11)研究发现，河流是输送 PHC 的运载工具，同时，河流也先受到 PHC 的污染。作者提出了 PHC 污染源变化过程的两个阶段：1979～1981 年， PHC 的污染源为重度污染源；1982～1983 年，PHC 的污染源为轻度污染源，并且用两个模型框图表明了 PHC 污染源的变化过程。研究发现，在这个变化过程中，PHC 污染源的含量、水平分布和污染程度都发生了变化。然而，唯一不变的是 PHC 的输入方式：河流。

(12)根据 1979～1983 年的胶州湾水域 PHC 的季节变化和月降水量变化，研究发现，在时空分布上，整个胶州湾水域 PHC 含量的季节变化是以河流流量及人类活动为基础叠加决定的。作者提出了河流流量和人类活动共同决定河流的 PHC 含量。这样，才出现了在不同季节 PHC 含量的高峰值和低谷值。根据胶州湾沿岸水域的 PHC 含量变化，作者提出了 PHC 的陆地迁移过程：PHC 含量变化由胶州湾附近盆地的降水量所决定。

(13)研究发现，在胶州湾水体中 PHC 含量的季节变化是由陆地迁移过程所决定的。研究认为，PHC 的陆地迁移过程分为 3 个阶段：人类对 PHC 的使用、PHC 沉积于土壤和地表中、河流和地表径流把 PHC 输入海洋的近岸水域。用模型框图展示了 PHC 从使用到土地是由人类决定的，从土地到海洋是由降水量决定的。

(14)根据胶州湾水域 PHC 的垂直分布，作者提出了 PHC 的水域迁移过程。PHC 的水域迁移过程为 3 个阶段：从污染源输出 PHC、把 PHC 输入胶州湾水域的表层、PHC 从表层沉降到底层。

(15)研究发现，1980～1981 年，PHC 的表、底层水平分布趋势和 PHC 的表、底层变化量以及 PHC 的表、底层垂直变化都充分展示了 PHC 迅速沉降，而且沉降量的多少与含量的高低相一致。PHC 经过不断的沉降，在海底具有累积作用。这些特征揭示了 PHC 的水域迁移过程。

(16)从含量、水平分布、垂直分布和季节分布的角度，在空间尺度上，阐明了 PHC 在胶州湾海域的来源、水质、分布以及迁移状况等迁移规律；在时间尺度上，展示了 PHC 在胶州湾水域的变化过程和变化趋势。据此，提出了 1 个变化趋势(含量的年份变化)和 4 个变化过程(污染源变化过程、陆地迁移过程、水域迁移过程、沉降过程)。这些规律和变化过程为研究 PHC 在水体中的迁移奠定了基础。

(17)研究结果表明，1984～1988 年，在胶州湾表层水体中 PHC 含量符合国家一、二、三类海水水质标准，胶州湾水体受到 PHC 的轻度污染。在胶州湾水体中 PHC 含量在春季相对较低，夏季很高，秋季比较高。

(18)研究发现，在胶州湾表层水体中，PHC 含量的低值始终维持在最低值 0.005mg/L，这个水域的 PHC 含量背景值为 0.005mg/L。1984～1988 年，胶州湾受到 PHC 含量的高值污染在缓慢增加，水质一直受到 PHC 的轻度污染。

(19)根据 1984～1988 年胶州湾水域的调查资料，得到 PHC 在胶州湾水域的水平分布和来源变化，确定了 PHC 污染源的位置、范围、类型和年份变化特征及变化过程。

(20)研究发现，1984～1988 年，PHC 高含量来自河流、外海海流以及石油港口和石油船舶。其中河流包括海泊河、李村河和娄山河。在海泊河、李村河和娄山河的入海口水域及它们之间的近岸水域，石油港口和石油船舶的近岸水域以及湾口水域，都会形成 PHC 的高含量区。人类给河流带来的 PHC 含量最高，为 0.017～0.178mg/L，其次是外海海流，为 0.122mg/L，再者是石油港口和石油船舶，为 0.060～0.091mg/L。

(21)研究发现，人类通过河流的输送，长期、不断地给海洋带来 PHC，使得海洋整体的 PHC 含量增加。1984～1988 年，每年都有河流给胶州湾水体输送 PHC，而且，河流输送的 PHC 含量在增加。

(22)研究结果表明，1984～1988 年，外海海流给胶州湾水体输送 PHC 只有一次，外海海流输送的 PHC 展示了海洋水体中 PHC 含量的高低，也表明了人类向大海排放 PHC 的累积。

(23)研究结果表明，1984～1988 年，石油港口和石油船舶给胶州湾水体输送 PHC 只有两次，且石油港口和石油船舶输送的 PHC 含量是最低的，展示了在石油港口和石油船舶的建设和运营过程中，人类提高了对环境的保护意识，尽可能地减少石油对大海的影响。

(24)研究结果表明，1984～1988 年，在陆地上，春季、夏季和秋季，胶州湾 PHC 的来源是河流的输送。PHC 的陆地迁移是通过河流的输送来完成的。

(25)研究发现，PHC 含量的季节变化规律：1984～1988 年，在胶州湾水体中，春季的 PHC 含量比较高，夏季最高，秋季最低。而且，河流的流量和胶州湾附近盆地的降水量都具有 PHC 含量的季节变化规律。表明输送的 PHC 是由河流的流量决定的，而河流的流量是由胶州湾附近盆地的降水量决定的。

(26)研究发现，1984～1988 年，在胶州湾水体中，PHC 主要由河流输送。经过长年累月的河流输送，海洋中的 PHC 不断累积，在海洋的水体中储存，于是，随着时间的变化，海洋水体中 PHC 含量在增加。在胶州湾的水体中，当没有来源时，PHC 含量的背景值是 0.005mg/L。当外海的海流输送 PHC 到胶州湾时，PHC 含量的最高值为 0.122mg/L。因此，人类的不断输入使得海洋水体的 PHC 含量在持续增加。这使得人类对海洋水体中 PHC 含量的变化引起警觉和关注。

(27)研究结果表明，1984～1988 年，胶州湾受到 PHC 含量的高值污染在缓慢增加，水质一直受到 PHC 的轻度污染，展示了 PHC 含量的年份变化过程。胶州湾沿岸水域的 PHC 含量变化趋势，展示了 PHC 来源的变化过程。河流的流量和胶州湾附近盆地的降水量展示了 PHC 的陆地迁移过程：河流的流量决定胶州湾水体中的 PHC 含量。

有关这方面的研究还在进行中，本书为阶段性成果的总结，欠妥之处在所难免，恳请读者多多指正。希望读者站在作者的肩膀上，使祖国海洋环境学研究、世界海洋环境学研究以及地球环境学研究有飞跃发展，作者甚感欣慰。

在各位同仁和老师的鼓励和帮助下，此书出版。作者铭感在心，谨致衷心感谢。

目　录

第1章 胶州湾水域石油的分布及含量

海洋石油污染已成为海洋污染中最严重、最受普遍关注的事件，它对海洋及近岸环境造成严重的危害。世界石油产量逐年增加，1970 年产量约 22 亿 t，而到 1990 年石油的产量已达 30 亿 t[1]。大量的含油废水、含油污染物及一些工业排放的污水、居民的生活污水排向海洋，不仅污染了陆地，也污染了近岸海域[2,3]。因此，了解石油(PHC)对近海的污染程度，可以为治理海洋环境、恢复生态持续发展提供重要帮助。

本章通过 1979 年胶州湾 PHC 的调查资料，探讨胶州湾海域 PHC 的来源、分布以及迁移过程，研究胶州湾水域 PHC 的分布特征和季节变化，为 PHC 污染环境的治理和修复提供理论依据。

1.1 背 景

1.1.1 胶州湾自然环境

胶州湾是一个半封闭的深入内陆的天然海湾，位于黄海中部、山东半岛南部，介于东经 120°04′～120°23′，北纬 35°58′～36°18′之间。水深较浅(平均水深为 7m)，湾口狭小(约 2.5km)，胶州湾内的海水全部交换完所需要的时间大约为 15 天[4-6]。湾东部和东北部沿岸是青岛市的工业密集区域。胶州湾有洋河、大沽河等河流注入。在胶州湾的东部，有海泊河、李村河和娄山河，这 3 条河带有工业及生活废水，汇入海区，给胶州湾带来大量的污染物，对胶州湾的环境影响较大。

1.1.2 材料与方法

1979 年 5 月和 8 月胶州湾水体石油烃的调查数据由国家海洋局北海环境监测中心提供。在胶州湾水域有 8 个站位：H34、H35、H36、H37、H38、H39、H40、H41(图 1-1)。1979 年 5 月和 8 月两次进行取样，根据水深取水样(大于 15m 时取表层和底层，小于 15m 时只取表层)，调查采样中用抛浮式无油玻璃采水器采集表层海水样品 500mL 用于石油烃分析，样品采集后立即加入 1∶3 H_2SO_4 溶液；

调节样品至弱酸性(pH≈4)，然后用 0.01m³ 石油醚萃取两次，萃取液密封后在 5±2℃条件下避光保存。在实验室中应用 751 GD 紫外分光光度计测定水样中油类含量。这个方法与《海洋监测规范》(GB 17378.3—2007、GB 17378.4—2007、GB 17378.7—2007)中规定的方法是一致的。

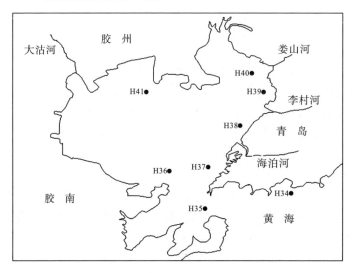

图 1-1　胶州湾调查站位

1.2　石油的含量及分布

1.2.1　含量

　　5 月，在胶州湾水体中，PHC 的含量为 0.08～0.32mg/L，整个水域超过了国家一类海水水质标准(0.05mg/L)。除了 H38 站位，整个水域都达到了国家三类海水水质标准(0.30mg/L)。只有在 H38 站位的水域，超过了国家三类海水水质标准(0.30mg/L)。

　　8 月，水体中 PHC 的含量明显增加，达到 0.10～1.10mg/L，整个水域都超过了国家一类海水水质标准(0.05mg/L)。除了 H39 站位，整个水域都达到了国家三类海水水质标准(0.30mg/L)。只有在 H39 站位的水域，超过了国家四类海水水质标准(0.50mg/L)*(表 1-1)。

---

* 一、二类海水水质标准为≤0.05mg/L，三类为≤0.30mg/L，四类为≤0.50mg/L。为免符号繁杂，此后文中海水标准类型后括号内仅列标准值上限，如"一类海水水质标准(0.05mg/L)"。

表 1-1　1979 年胶州湾春季和夏季表层水质

项目	春季	夏季
海水中 PHC 含量/(mg/L)	0.08~0.32	0.10~1.10
国家海水水质标准	三、四类海水	三、四类海水

1.2.2　水平分布

在春季，湾内水体中表层 PHC 的分布状况是其含量由东北向西南方向递减，从 0.32mg/L 降低到 0.08mg/L，东北部的 H38 站位水体中 PHC 的含量为 0.32mg/L。海泊河和李村河是东部相邻河流，在这两个河流入海口的中间近岸水域，以 H38 站位为中心形成了 PHC 的高含量区，PHC 的含量大于 0.30mg/L，明显高于西南水域：湾中心、湾口和湾外（图 1-2）。

在夏季，表层 PHC 含量的等值线（图 1-3）展示以 H39 站位为中心，形成了一系列不同梯度的半个同心圆。湾的东北部有相邻的李村河和娄山河，在这两个河流入海口中间的近岸水域，形成了 PHC 的高含量区，这是以 H39 站位为中心的，PHC 含量从中心高含量（1.10mg/L）沿梯度降低。从湾的东北部沿岸水域向湾的中心水域，PHC 的含量由高（1.10mg/L）变低（0.10mg/L）。说明沿着海泊河、李村河和娄山河的河流方向，胶州湾水体中 PHC 的含量递减（图 1-3）。

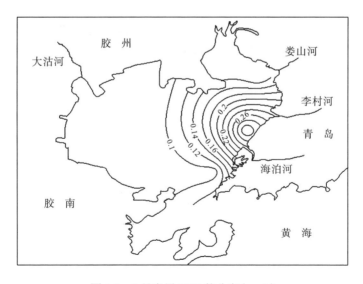

图 1-2　5 月表层 PHC 的分布（mg/L）

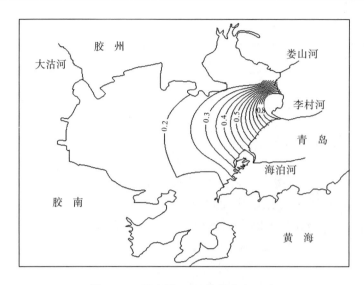

图 1-3　8 月表层 PHC 的分布(mg/L)

1.2.3　季节分布

在春季，在整个胶州湾表层水体中，PHC 的表层含量为 0.08～0.32mg/L。在夏季，PHC 的表层含量为 0.10～1.10mg/L，达到高值。以同样的站位，作 8 月与 5 月的 PHC 的含量差，得到 H34、H40 站位为负值，为-0.02～-0.01，其他站位都为正值，为 0.01～0.91，而 H34 站位在湾外，H40 站位在湾的最北端。说明在胶州湾的表层水体中，夏季 PHC 的表层含量几乎都高于春季。

1.3　石油的迁移

1.3.1　水质

在胶州湾水域，春季 PHC 的含量达到了国家三类、四类海水水质标准。夏季 PHC 的含量也达到了国家三类、四类海水水质标准。而且在夏季，有些水域 PHC 的含量远远超过了国家四类海水水质标准，说明 PHC 严重地污染了这些水域。因此，在一年中，胶州湾水域在春季 PHC 污染较重，在夏季 PHC 污染更严重。

1.3.2　污染源

在时间尺度上，考虑春、夏季 PHC 含量的变化，研究结果表明，在胶州湾，夏季的表层水体中 PHC 的含量几乎都高于春季。说明从春季到夏季， PHC 在整个胶州湾水域的含量是增加的。另外，在空间尺度上，海泊河、李村河和娄山河的入海口在胶州湾的东北部水域，为湾的东北部近岸水域提供了河流的输送，沿着河流的输送方向展示了 PHC 的含量形成了梯度变化：从高到低呈下降趋势。在春季，在海泊河和李村河的这两个入海口的中间近岸水域，形成了 PHC 的高含量区；在夏季，在李村河和娄山河的这两个入海口中间的近岸区域，形成了 PHC 的高含量区。表明胶州湾东北部的海泊河、李村河和娄山河是胶州湾 PHC 污染的主要来源。

1.3.3　迁移状况

在胶州湾水域，PHC 从河口到湾外进行迁移。

胶州湾东部和东北部沿岸是青岛市的工业密集区域，工业废水和生活污水排放比较多。而在胶州湾东部和东北部沿岸有 3 条河：海泊河、李村河和娄山河，这 3 条河基本上承担着工业废水及生活污水向胶州湾排泄的功能，给胶州湾带来大量含有 PHC 的污染物。

在春季，海泊河和李村河水系均从湾的东北部入海，这些河流从陆地带来了大量的 PHC，导致在胶州湾的东部和东北部地区 PHC 污染严重。表明胶州湾的东北部区域 PHC 含量较高，往西南方向递减。在春季，胶州湾水域 PHC 的含量较低。

在夏季，李村河和娄山河水系均从湾的东北部入海，这些河流从陆地带来了大量的 PHC，同时，河流处于汛期，导致在整个胶州湾水体中，PHC 的含量普遍增加。表明在夏季，胶州湾的东部和东北部区域 PHC 的含量开始逐渐增加，含量较高，往西南方向递减。在夏季，胶州湾水域 PHC 的含量较高。

1.4　结　　论

在春季 5 月，在整个胶州湾水域，PHC 的含量达到了国家三、四类海水水质标准。在胶州湾东北部的近岸水域，PHC 的含量达到了国家四类海水水质标准，除此之外，胶州湾的其他水域(包括湾中心、湾口和湾外)都达到了国家三类海水水质标准。在夏季 8 月，在整个胶州湾水域，PHC 的含量达到了国家三、四类海水水质标准。在胶州湾东北部的近岸水域，PHC 的含量超过了国家四类海水水质标准，除此之外，胶州湾的其他水域(包括湾中心、湾口和湾外)都达到了国家三类海水水质标准。表明在时间尺度上，从春季到夏季，PHC 含量是增加的；在空间尺度上，从湾的东北部近岸水域到湾的其他水域(包括湾中心、湾口和湾外)PHC

的含量呈现从高到低的下降趋势。

　　海泊河、李村河和娄山河带来了大量的工业废水和生活污水，其入海口都在胶州湾的东北部水域，导致胶州湾东北部海域水体中 PHC 的含量比湾的其他水域 PHC 的含量要高得多。随着夏季降水量的显著增加，胶州湾东北部海域水体中 PHC 的含量会更高。

　　因此，胶州湾水域中的 PHC 主要来源于工业废水和生活污水，表明加强对环境的保护，PHC 的污染就会减少。

参 考 文 献

[1] Wilson S C, Jones K C. Bioremediation of soil contaminated with polynuclear aromatic hydrocarbons（PAHs）: A review[J]. Environmental Pollution, 1993, 81（3）: 229-249.

[2] 孙耀, 崔毅, 于宏, 等. 胶州湾表层水中石油烃, 化学耗氧量和金属铬的分布及污染现状分析[J]. 渔业科学进展, 1992（13）: 156-158.

[3] 潘建明, 启传显, 刘小涯. 珠江河口沉积物中石油烃分布及其与河口环境的关系[J]. 海洋环境科学, 2002, 21（2）: 23-27.

[4] Yang D F, Zhang J, Lu J B. Examination of silicate limitation of primary production in the Jiaozhou Bay, North China Ⅰ.Silicate being a limiting factor of phytoplankton primary production [J]. Chinese Journal of Oceanology and Limnology, 2002, 20（3）: 208-225.

[5] Yang D F，Zhang J，Gao Z H，et al. Examination of silicate limitation of primary production in Jiaozhou Bay, China Ⅱ. Critical value and time of silicate limitation and satisfaction of the phytoplankton growth [J]. Chinese Journal of Oceanology and Limnology, 2003, 21（1）: 46-63.

[6] Yang D F, Gao Z H, Chen Y, et al. Examination of silicate limitation of primary production in jiaozhou Bay, North ChinaⅢ.Judgment method, rules and uniqueness of nutrient limitation among N, P, and Si[J]. Chinese Journal of Oceanology and Limnology, 2003, 21（2）: 114-133.

第2章　胶州湾水域石油的分布及污染源

在全球经济迅速发展的情况下，世界范围内的石油供求在不断增长，石油成为现代社会的主要能源之一。我国海洋石油勘探是从 20 世纪 60 年代开始的，1975 年渤海第一座海上试验采油平台投产，揭开了我国海洋石油开发的序幕[1]。随着海洋石油勘探开发的不断加强、规模的不断扩大，海上石油勘探、开发和炼制业的发展，交通运输与油船事故的发生，大量的石油进入海洋[1,2]，给海洋环境造成了严重的污染。因此，了解近海的石油(PHC)污染程度和污染源，可以为保护海洋环境、维持生态可持续发展提供重要帮助。

本章通过 1980 年胶州湾石油(PHC)的调查资料，探讨胶州湾海域石油(PHC)的来源、分布以及迁移过程，研究胶州湾水域 PHC 的含量、分布特征和季节变化，为 PHC 污染环境的治理和修复提供理论依据。

2.1　背　　景

2.1.1　胶州湾自然环境

胶州湾是一个半封闭的深入内陆的天然海湾，地理位置为 120°04′~120°23′E，35°58′~36°18′N，位于山东半岛南岸西部，为青岛市所包围，面积为 446km²，平均水深仅 7m。湾东部和东北部沿岸是青岛市的工业密集区域。胶州湾有洋河、大沽河等河流注入。在胶州湾的东部有海泊河、李村河和娄山河，这 3 条河常年无自然径流，上游常年干涸，随着青岛市经济的迅速发展，中、下游已成为市区工业废水和生活污水的排泄沟渠。工业及生活废水汇入海区，给胶州湾带来大量的污染物，对胶州湾的环境影响比较大。

2.1.2　材料与方法

本书所使用的 1980 年 6 月、7 月、9 月和 10 月胶州湾水体石油烃的调查资料由国家海洋局北海环境监测中心提供。在胶州湾水域设 9 个站位取水样(图 2-1、图 2-2)：H34、H35、H36、H37、H38、H39、H40、H41 和 H82。于 1980 年 6

月、7月、9月和10月4次进行取样。10月期间还增设A、B、C、D4个区域，一共增设了30个站位，分别是A区8个站位：A1、A2、A3、A4、A5、A6、A7和A8；B区5个站位：B1、B2、B3、B4和B5；C区8个站位：C1、C2、C3、C4、C5、C6、C7和C8；D区9个站位：D1、D2、D3、D4、D5、D6、D7、D8和D9(图2-2)，根据水深取水样(大于10m时取表层和底层，小于10m时只取表层)，调查采样中用抛浮式无油玻璃采水器采集表层海水样品500mL用于石油烃分析，样品采集后立即加入1∶3 H_2SO_4 溶液，调节样品至弱酸性(pH≈4)，然后用 $0.01m^3$ 石油醚萃取两次，萃取液密封后在5±2℃条件下避光保存。在实验室中应用751GD紫外分光光度计测定水样中油类含量。这个方法与《海洋监测规范》中规定的方法是一致的[3]。

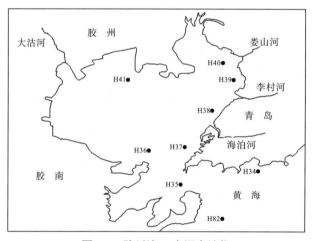

图2-1　胶州湾H点调查站位

图2-2　胶州湾A～D点调查站位

2.2 石油的含量及分布

2.2.1 含量

6 月，在胶州湾水体中，PHC 的含量为 0.019～0.141mg/L。只有湾外的 H34 和 H82 站位的水域，PHC 的含量为 0.019mg/L，达到了国家一、二类海水水质标准(0.05mg/L)。而在湾内的水域，PHC 的含量超过了 0.10mg/L，整个水域都达到了国家三类海水水质标准(0.30mg/L)。

7 月，在胶州湾水体中，PHC 的含量为 0.018～0.076mg/L。水体中 PHC 的含量明显降低，只有湾内东北部近岸水域的 H38、H39、H40 和 H41 站位 PHC 的含量高于 0.05mg/L，都达到了国家三类海水水质标准(0.30mg/L)，但是 PHC 的含量都低于 0.10mg/L，这个水域包括了海泊河、李村河、娄山河和大沽河的入海口以及它们之间的近岸水域。而在湾外、湾口和湾中心的水域，PHC 的含量低于 0.05mg/L，都达到了国家一、二类海水水质标准(0.05mg/L)。

9 月，在胶州湾水体中，PHC 的含量为 0.046～0.09mg/L。水体中 PHC 的含量明显升高，只有 H36 和 H38 站位的水域，PHC 的含量为 0.046mg/L，达到了国家一、二类海水水质标准(0.05mg/L)，接近国家三类海水水质标准(0.30mg/L)，其他水域都达到了国家三类海水水质标准(0.30mg/L)。

10 月，在胶州湾水体中，PHC 的范围为 0.012～0.155mg/L。大部分水域中 PHC 的含量明显降低，达到了国家一、二类海水水质标准(0.05mg/L)。小部分水域中 PHC 的含量明显升高，达到了国家三类海水水质标准(0.30mg/L)。这小部分水域由 C1、C3、C5、C8、D1 和 D2 站位所组成，也是东部的近岸水域，即海泊河、李村河和娄山河的入海口水域及它们之间的近岸水域。其中 D1 站位是海泊河的入海口水域，C1 站位是李村河的入海口水域，C3 站位是娄山河的入海口水域，在 D1、C1 和 C3 站位，PHC 的含量较高，分别为 0.152mg/L、0.098mg/L 和 0.155mg/L(表 2-1)。

表 2-1 1980 年 6 月、7 月、9 月和 10 月胶州湾表层水质

项目	6 月	7 月	9 月	10 月
海水中 PHC 含量/(mg/L)	0.019～0.141	0.018～0.076	0.046～0.09	0.012～0.155
国家海水水质标准	二、三类海水	二、三类海水	二、三类海水	二、三类海水

2.2.2 表层水平分布

6月，湾内水体中表层PHC的水平分布：在湾的东部，PHC的含量由北向南递减，从湾北部的0.141mg/L降低到湾口的0.125mg/L，再一直降低到湾外的0.019mg/L。在胶州湾的湾口水域，表层PHC含量的等值线几乎平行于湾口两岸的连线，并且形成了一系列不同梯度的平行线，其含量由湾内向湾外递减，从0.125mg/L降低到0.045mg/L(图2-3)。

7月，表层PHC含量的等值线(图2-4)展示以H38、H39站位为中心，形成了一系列不同梯度的半个同心圆。湾的东部、东北部有相邻的海泊河、李村河和娄山河，以及湾的北部有相邻的娄山河和大沽河，在这4个河流的入海口之间的近岸水域，形成了PHC的高含量区，以H38、H39站位为中心，PHC含量从中心高含量(0.076mg/L)沿梯度降低。在湾口H35站位，有一个低含量区域，其低含量的中心值为0.018mg/L。

9月，湾的东北部有娄山河，这个河流的入海口之间的近岸水域，以H40站位为中心，形成了一系列不同梯度的半个同心圆。PHC的含量由北向南递减，从湾东北部的0.09mg/L降低到湾口的0.046mg/L。由于湾的东北部PHC含量比较高，整个胶州湾水域受到影响，PHC含量都比较高(图2-5)。

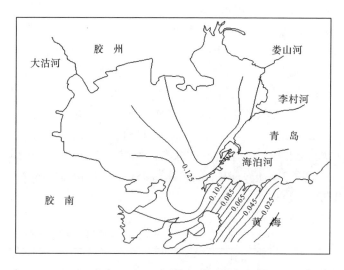

图2-3 6月表层PHC的分布(mg/L)

10月，由C1、C3、C5、C8 、D1和D2站位组成东部的近岸水域，这也是海泊河、李村河和娄山河的入海口水域及它们之间的近岸水域，形成了PHC的高含量区。其中D1站位是海泊河的入海口水域，C1站位是李村河的入海口水域，

C3 站位是娄山河的入海口水域，在 D1、C1 和 C3 站位，PHC 的含量较高，分别为 0.152mg/L、0.098mg/L 和 0.155mg/L。分别以 D1、C1 和 C3 站位为中心，形成了一系列不同梯度的长条梯田形状，PHC 含量由近岸水域到湾中心沿梯度降低（图 2-6）。这样，沿着海泊河、李村河和娄山河的河流方向，在胶州湾水体中 PHC 含量递减，一直降低到小于 0.05mg/L。于是，在胶州湾水体中，大部分水域中 PHC 的含量非常低，形成了低值区域，其最低值为 0.012mg/L。

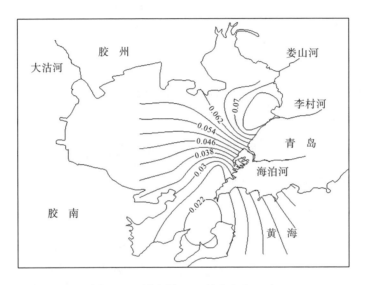

图 2-4　7 月表层 PHC 的分布（mg/L）

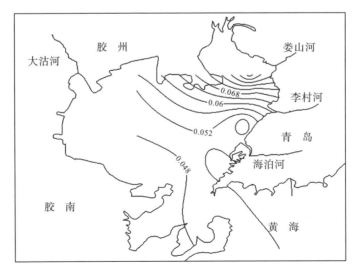

图 2-5　9 月表层 PHC 的分布（mg/L）

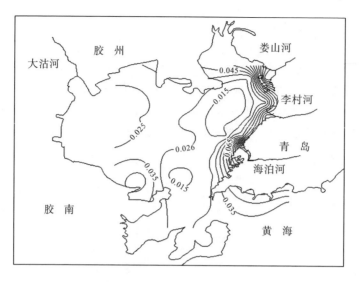

图 2-6　10 月表层 PHC 的分布(mg/L)

2.2.3　底层水平分布

底层 PHC 含量的调查站位有 H34、H35、H36、H37 和 H82。

6 月、7 月、9 月和 10 月，在胶州湾的湾口水域，底层 PHC 含量的等值线几乎平行于湾口两岸的连线，并且形成了一系列不同梯度的平行线。6 月，沿梯度其含量由湾内向湾外递减，从 0.147mg/L 降低到 0.036mg/L(图 2-7)；7 月，沿梯

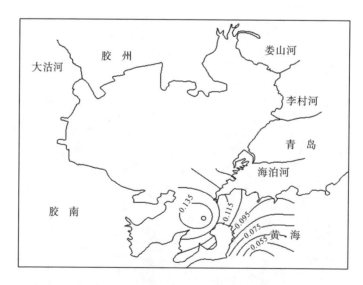

图 2-7　6 月底层 PHC 的分布(mg/L)

度其含量由湾内向湾外递增，从 0.033mg/L 升高到 0.060mg/L（图 2-8）；9 月，沿梯度其含量由湾内向湾外递减，从 0.102mg/L 降低到 0.068mg/L（图 2-9）；10 月，沿梯度其含量由湾内向湾外递减，从 0.065mg/L 降低到 0.028mg/L（图 2-10）。

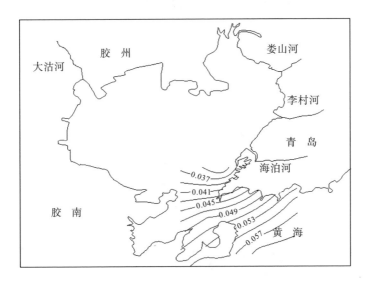

图 2-8 7 月底层 PHC 的分布（mg/L）

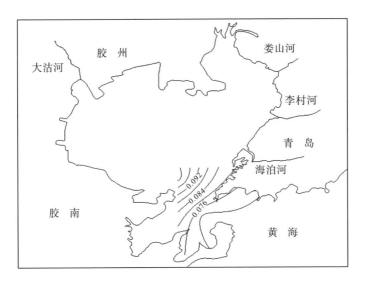

图 2-9 9 月底层 PHC 的分布（mg/L）

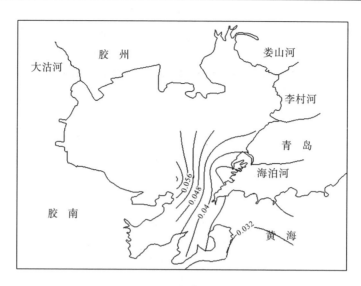

图 2-10　10 月底层 PHC 的分布 (mg/L)

2.2.4　垂直分布

6 月、7 月、9 月和 10 月,在 H34、H35、H36、H37 和 H82 站位,得到了 PHC 在表、底层的含量值。6 月,PHC 的表层含量为 0.019～0.141mg/L,其对应的底层含量为 0.036～0.147mg/L。7 月,PHC 的表层含量为 0.018～0.047mg/L,其对应的底层含量为 0.033～0.060mg/L。9 月,PHC 的表层含量为 0.046～0.056mg/L,其对应的底层含量为 0.068～0.102mg/L。10 月,PHC 的表层含量为 0.012～0.030mg/L,其对应的底层含量为 0.028～0.065mg/L。可见,在胶州湾表层水体中,PHC 的表层含量高的对应底层含量就高,反之亦然。

6 月,表、底层的含量之差为-0.076～0.038mg/L,只有 H37 站位是正值,其他站位都为负值。7 月,表、底层的含量之差为-0.031～-0.002mg/L,所有站位都为负值。9 月,表、底层的含量之差为-0.056～-0.012mg/L,所有站位都为负值。10 月,表、底层的含量之差为-0.053～0.002mg/L,只有 H82 站位是正值,其他站位都为负值。因此,PHC 的表、底层含量都相近,PHC 在表层的含量几乎都低于底层,表层 PHC 含量的变化范围小于底层的变化范围。

2.2.5　季节分布

6 月、7 月、9 月和 10 月,在 H34、H35、H36、H37 和 H82 站位都有表层 PHC 含量的调查。

6 月,在胶州湾水体中,PHC 的含量为 0.019～0.141mg/L。在湾内的水域,

PHC 的含量超过了 0.10mg/L。

7 月，在胶州湾水体中，PHC 的含量为 0.018～0.076mg/L。在海泊河、李村河、娄山河和大沽河的入海口以及它们之间的近岸水域，PHC 的含量高于 0.05mg/L。

9 月，在胶州湾水体中，PHC 的含量为 0.046～0.09mg/L。水体中 PHC 的含量明显增加，在湾内的水域，PHC 的含量几乎都高于 0.05mg/L。

10 月，在胶州湾水体中，PHC 的含量为 0.012～0.155mg/L。大部分水域中 PHC 的含量明显降低，只有海泊河、李村河和娄山河的入海口水域及它们之间的近岸水域，PHC 的含量高于 0.98mg/L。

表明在胶州湾水体中 PHC 表层含量在 6 月、7 月、9 月和 10 月变化不显著，没有明显的季节变化。同样，在胶州湾水体中 PHC 底层含量也没有明显的季节变化。

2.3 石油的污染源

2.3.1 水质

在胶州湾水体中，6 月，在整个湾内的水域，PHC 的含量达到了国家三类海水水质标准。7 月，在海泊河、李村河、娄山河和大沽河的入海口以及它们之间的近岸水域，PHC 的含量达到了国家三类海水水质标准，在湾内的其他水域，PHC 的含量达到了国家二类海水水质标准。9 月，在整个湾内的水域，PHC 的含量达到了国家三类海水水质标准。10 月，在海泊河、李村河和娄山河的入海口水域及它们之间的近岸水域，PHC 的含量达到了国家三类海水水质标准，在湾内的其他水域，PHC 的含量达到了国家二类海水水质标准。

2.3.2 污染源

6 月，在整个湾内的水域，PHC 的含量都比较高，在湾的东部，PHC 的含量由北向南递减。7 月，在海泊河、李村河、娄山河和大沽河的入海口以及它们之间的近岸水域，形成了 PHC 的高含量区，PHC 含量从中心高含量沿梯度降低。9 月，在湾的东北部，娄山河的入海口之间的近岸水域，形成了一系列不同梯度的半个同心圆，PHC 的含量由北向南递减。10 月，海泊河、李村河和娄山河的入海口水域及它们之间的近岸水域，形成了 PHC 的高含量区，形成了一系列不同梯度的长条梯田形状，PHC 含量由近岸水域到湾中心沿梯度降低。因此，在空间尺度上，海泊河、李村河、娄山河和大沽河都为胶州湾水域提供了大量的 PHC，使得在海泊河、李村河、娄山河和大沽河的入海口以及它们之间的近岸水域，形成了PHC的高含量区，PHC含量从中心高含量沿梯度降低。另外，在时间尺度上，6月和9月，海泊河、李村河、娄山河和大沽河已经为胶州湾水域提供了大量的PHC，使得整个湾内的水域中，PHC的含量都比较高。7月和10月，海泊河、李村河、娄山河和大沽河刚刚开始为胶州湾水域提供大量的PHC，使得海泊河、李村河和娄山河的入海口水域及它们之间的近岸水域，形成了PHC的高含量区，而在胶州湾的其他水域，PHC的含量都比较低。表明胶州湾东部和东北部的海泊河、李村河和娄山河，还有北部的大沽河，都是胶州湾PHC的主要来源，河流输送的PHC在时间上没有固定的变化。

2.3.3　陆地迁移过程

胶州湾东部和东北部沿岸是青岛市的工业密集区域和生活居住区，工业废水和生活污水排放比较多。在胶州湾东部和东北部沿岸有3条河：海泊河、李村河和娄山河，这3条河基本上承担着工业废水及生活污水向胶州湾排放的功能，给胶州湾带来大量含有PHC的污染物[4]。在胶州湾北部沿岸有大沽河，靠近大沽河的北部沿岸，没有工业密集区域和生活居住区，工业废水和生活污水排放相对比较少，给胶州湾带来相对少量的含有PHC的污染物。因此，胶州湾水域的PHC是由胶州湾周边河流输送的，胶州湾周边河流主要有东部和东北部的海泊河、李村河和娄山河，还有北部的大沽河，它们共同给胶州湾提供了大量的PHC。

2.3.4　水域迁移过程

PHC从河口经过胶州湾，迁移到湾外，展示了PHC的水域迁移过程。海泊河、李村河和娄山河的入海口在胶州湾的东部和东北部水域，为湾的东北部近岸水域提供了河流的输送，沿着河流的输送方向PHC的含量形成了梯度的变化：从高到低呈下降趋势。

PHC的水域迁移过程：PHC进入表层海水，会受到海水的稀释，会被微生物分解。进一步，PHC吸附在固体颗粒物上沉积，吸附与沉淀作用可使海洋中的PHC进入沉积物[5]。从春季5月开始，海洋生物大量繁殖，数量迅速增加，到夏季的8月，形成了高峰值[6]，由于浮游生物的繁殖活动，悬浮颗粒物表面形成胶体，此时的吸附力最强，吸附了大量的PHC，大量的PHC随着悬浮颗粒物迅速沉降到海底。同时，微生物对PHC大量分解，使PHC的表层含量迅速下降。

10月的表层PHC水平分布，在海泊河、李村河和娄山河的入海口水域及它们之间的近岸水域，形成了PHC的高含量区，而在胶州湾的其他大部分水域：湾中心、湾口和湾外，PHC的含量都比较低。这展示了河流对PHC的大量输送和表层

PHC 含量的迅速下降。6 月，PHC 在整个湾内水域达到高含量，到 7 月，在胶州湾的其他大部分水域，PHC 含量变得比较低，说明 PHC 表层含量迅速下降。

PHC 的表、底层含量都相近，水体的垂直断面分布均匀。而且，在胶州湾的表层水体中，PHC 的表层含量高对应底层含量就高，反之亦然。这充分揭示了 PHC 表层含量迅速下降的过程及结果。

2.3.5 河流输送

在胶州湾水体中，PHC 表层含量在 6 月、7 月、9 月和 10 月变化不显著，没有明显的季节变化。同样，在胶州湾水体中 PHC 底层含量也没有明显的季节变化。胶州湾水体中，PHC 含量完全依赖于河流对 PHC 的大量输送，这与胶州湾入湾河流输送六六六 (HCH) 的结果是一致的[7-10]。将河流输送 PHC 的强度分为 4 个阶段。第一阶段，出现了 PHC 的高含量区。10 月，海泊河、李村河、娄山河刚刚开始为胶州湾水域提供大量的 PHC，使得海泊河、李村河和娄山河的入海口水域及它们之间的近岸水域，形成了 PHC 的高含量区，而在胶州湾的其他大部分水域：湾中心、湾口和湾外，PHC 的含量都比较低。第二阶段，PHC 的高含量区进一步扩展。7 月，湾的东部、东北部有相邻的海泊河、李村河和娄山河，以及湾的北部有相邻的娄山河和大沽河，在这 4 个河流的入海口之间的近岸水域，形成了 PHC 的高含量区。而在胶州湾的其他部分水域：湾中心、湾口和湾外，PHC 的含量都比较低。第三阶段，PHC 的高含量区已经扩展到整个胶州湾水域。9 月，整个胶州湾水域都受到 PHC 的影响，PHC 含量比较高，在 PHC 含量相对比较低的湾口水域，PHC 含量都达到了 0.046mg/L。第四阶段，整个胶州湾水域都成为 PHC 的高含量区，而且，PHC 的含量进一步提高。6 月，整个胶州湾水域都成为 PHC 的高含量区，PHC 含量更高，在 PHC 含量相对比较低的湾口水域，PHC 含量都达到了 0.125mg/L。这 4 个阶段展示了河流输送 PHC 的强度变化过程。由于河流输送 PHC 的强度变化比较快，在胶州湾的水域内展示了 PHC 的表、底层含量都相近，PHC 在表层的含量几乎都大于底层。

2.4 结 论

在胶州湾水体中，PHC 的含量达到国家三类海水水质标准的水域有：6 月和 9 月，在整个湾内的水域；7 月，在海泊河、李村河、娄山河和大沽河的入海口以及它们之间的近岸水域；10 月，在海泊河、李村河和娄山河的入海口水域及它们之间的近岸水域。除上述水域外，在湾内的其他水域，PHC 的含量达到了国家二类海水水质标准。在空间和时间尺度上表明，胶州湾东部和东北部的海泊河、李村河和娄山河，还有北部的大沽河，都是胶州湾 PHC 污染的主要来源。

PHC 的陆地迁移过程展示了胶州湾水域的 PHC 是由胶州湾周边的河流输送的。胶州湾周边的河流主要有东部和东北部的海泊河、李村河和娄山河，还有北部的大沽河，给胶州湾提供了大量的 PHC，其中大沽河与其他 3 条河流相比，提供的 PHC 相对比较少。这样，从湾的东部、东北部和北部近岸水域到湾的其他水域包括湾中心、湾口和湾外都展示了 PHC 的含量从高到低的下降趋势。

PHC 的水域迁移过程展示了 PHC 的表、底层含量都相近，水体的垂直断面分布均匀。而且，胶州湾表层水体中，PHC 的表层含量高的对应底层含量就高，反之亦然。这充分揭示了 PHC 表层含量迅速下降的过程及结果。PHC 的表层含量迅速下降是由于微生物对 PHC 的大量分解和大量的 PHC 随着悬浮颗粒物迅速沉降到海底。10 月的表层 PHC 水平分布和 6～7 月的表层 PHC 含量变化，都说明了河流对 PHC 的大量输送和 PHC 表层含量的迅速下降。

在胶州湾水体中，PHC 表层含量在 6 月、7 月、9 月和 10 月变化不显著，没有明显的季节变化。同样，在胶州湾水体中 PHC 底层含量也没有明显的季节变化。胶州湾水体中，PHC 含量完全依赖于河流对 PHC 的大量输送。作者将河流输送的强度分为 4 个阶段：第一阶段，出现了 PHC 的高含量区；第二阶段，PHC 的高含量区进一步扩展；第三阶段，PHC 的高含量区已经扩展到整个胶州湾水域；第四阶段，整个胶州湾水域都成为 PHC 的高含量区，而且 PHC 的含量进一步提高。这 4 个阶段展示了河流输送 PHC 的强度变化过程。由于河流输送 PHC 的强度变化比较快，在胶州湾的水域内展示了 PHC 的表、底层含量都相近，PHC 在表层的含量几乎都大于底层。

胶州湾水域中的 PHC 主要来源于河流的输送，这是由于工业废水和生活污水的排放。因此，加强对工业废水和生活污水的处理，减少含有 PHC 的污染物的排放，就会使河流、海湾减少 PHC 的污染。

参 考 文 献

[1] 肖祖骐. 起步中的中国海洋石油开发[J]. 油气田地面工程, 1987, 6(04): 56-58.

[2] Boyd J. Global compensation for oil pollution damages: The innovations of the American oil pollution act [J]. IEEE Transactions on Nanobioscience, 2004, 3(4): 264-275.

[3] 国家海洋局. 海洋监测规范[M]. 北京: 海洋出版社, 1991.

[4] Yang D F, Zhang Y C, Zou J, et al. Contents and distribution of petroleum hydrocarbons (PHC) in Jiaozhou Bay waters [J]. Open Journal of Marine Science, 2011, 1(3): 108-112.

[5] 尚龙生, 孙茜. 海洋石油污染与测定[J]. 海洋环境科学, 1997, 016(001): 16-21.

[6] 杨东方, 王凡, 高振会, 等. 胶州湾浮游藻类生态现象[J]. 海洋科学, 2004, 28(006): 71-74.

[7] 杨东方, 高振会, 曹海荣. 胶州湾水域有机农药六六六分布及迁移[J]. 海岸工程, 2008, 27(2): 65-71.

[8] 杨东方, 高振会, 孙培艳, 等. 胶州湾水域有机农药六六六春、夏季的含量及分布[J]. 海岸工程, 2009, 28(2): 69-77.

[9] 杨东方, 曹海荣, 高振会, 等. 胶州湾水体重金属 Hg I.分布和迁移[J]. 海洋环境科学, 2008, 27(01): 39-41.

[10] 杨东方, 王磊磊, 高振会, 等. 胶州湾水体重金属 Hg II.分布和污染源[J]. 海洋环境科学, 2009, 28(05): 501-505.

第3章　胶州湾湾口底层水域的石油变化法则

石油(PHC)被广泛地应用在工、农业生产中，并产生大量的石油废水，在陆地表面径流和河流的输送下，引起了海洋水质的变化[1-5]。大量高浓度的石油具有强毒性，给水体环境造成了严重危害。本章根据 1980 年胶州湾石油 (PHC) 的调查资料，研究胶州湾的湾口底层水域，确定 PHC 的含量、分布以及迁移过程，展示胶州湾底层水域 PHC 的含量、分布特征和变化法则，为 PHC 在底层水域的存在及迁移的研究提供科学依据。

3.1　背　　景

3.1.1　胶州湾自然环境

胶州湾位于山东半岛南部，其地理位置为 120°04′～120°23′E，35°58′～36°18′N，以团岛与薛家岛连线为界，与黄海相通，面积约为 446km^2，平均水深约 7m，是一个典型的半封闭型海湾。胶州湾入海的河流有十几条，其中径流量和含沙量较大的为大沽河和洋河，另外，青岛市区的海泊河、李村河和娄山河等河流均属季节性河流，河水水文特征有明显的季节性变化[6,7]。

3.1.2　材料与方法

本书所使用的 1980 年 6 月、7 月、9 月和 10 月胶州湾水体 PHC 的调查资料由国家海洋局北海环境监测中心提供。在胶州湾水域设 9 个站位取水样(图 3-1)：H34、H35、H36、H37、H38、H39、H40、H41 和 H82。底层 PHC 含量的调查站位有 H34、H35、H36、H37 和 H82。分别于 1980 年 6 月、7 月、9 月和 10 月 4 次进行取样，根据水深取水样(大于 10m 时取表层和底层，小于 10m 时只取表层)，进行调查采样。按照国家标准方法进行胶州湾水体 PHC 的调查，该方法被收录在国家的《海洋监测规范》中[8]。

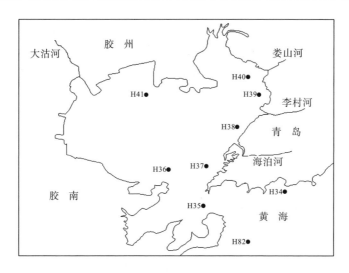

图 3-1　胶州湾 H 点调查站位

3.2　石油的底层含量及分布

3.2.1　底层含量

6 月，在胶州湾水体中，PHC 的底层含量为 0.036～0.147mg/L。只有湾口的湾外 H82 站位的水域，PHC 的含量为 0.036mg/L，符合国家一、二类海水水质标准(0.05mg/L)。而在湾内的水域，PHC 的含量超过了 0.10mg/L，而湾外的 H34 站位的水域，PHC 的含量为 0.095mg/L。因此，除了湾外的南部水域，整个水域都达到了国家三类海水水质标准(0.30mg/L)。

7 月，在胶州湾水体中，PHC 的底层含量为 0.033～0.060mg/L。水体中 PHC 的含量明显降低，在湾口的湾内水域，H35、H36、H37 站位 PHC 的含量低于 0.05mg/L，整个水域都符合国家一、二类海水水质标准(0.05mg/L)。在湾口的湾外水域，H34、H82 站位 PHC 的含量小于 0.30mg/L，整个水域都符合国家三类海水水质标准(0.30mg/L)。

9 月，在胶州湾水体中，PHC 的底层含量为 0.068～0.102mg/L。水体中 PHC 的含量明显升高，湾口的湾内和湾外水域，整个水域都达到了国家三类海水水质标准(0.30mg/L)。

10 月，在胶州湾水体中，PHC 的底层含量为 0.028～0.065mg/L。只有湾口的湾内 H36 站位的水域，PHC 的含量为 0.065mg/L，符合国家三类海水水质标准(0.30mg/L)。而其他水域中 PHC 的含量明显降低，达到了国家一、二类海水水质标准(0.05mg/L)。

因此，6月、7月、9月和10月，在胶州湾水体中PHC底层含量为0.028～0.147mg/L，符合国家一、二和三类海水水质标准。表明在PHC含量方面，6月、7月、9月和10月，在胶州湾的湾口底层水域，水质受到PHC的轻度污染（表3-1）。

表3-1   1980年6月、7月、9月和10月胶州湾底层水质

项目	6月	7月	9月	10月
海水中PHC含量/(mg/L)	0.036～0.147	0.033～0.060	0.068～0.102	0.028～0.065
国家海水水质标准	二、三类海水	二、三类海水	二、三类海水	二、三类海水

3.2.2   底层水平分布

6月、7月、9月和10月，在胶州湾的湾口底层水域，从湾口内侧到湾口，再到湾口外侧，在胶州湾湾口水域H34、H35、H36、H37和H82站位，PHC含量有底层的调查。PHC含量在底层的水平分布如下。

6月，在胶州湾的湾口底层水域，从湾口到湾口外侧，在胶州湾湾口水域的H35站位，PHC的含量较高，为0.147mg/L，以湾口水域为中心形成了PHC的高含量区，形成了一系列不同梯度的平行线。PHC从湾口的高含量(0.147mg/L)到湾外水域沿梯度递减为0.036mg/L（图3-2）。

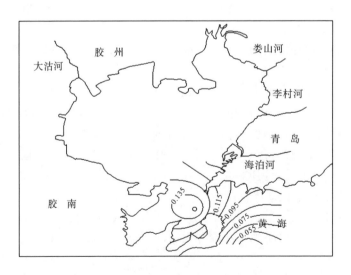

图3-2   6月底层PHC的分布(mg/L)

7月，在胶州湾的湾口底层水域，从湾口外侧的东部到湾口内侧，在胶州湾湾口外侧东部水域的H34站位，PHC的含量较高，为0.060mg/L，以湾口外侧东

部水域为中心形成了 PHC 的高含量区，形成了一系列不同梯度的平行线。PHC 从湾口外侧东部水域的高含量（0.060mg/L）到湾口内侧沿梯度递减为 0.033mg/L（图 3-3）。

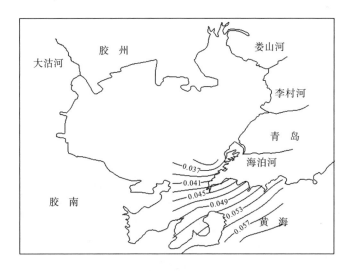

图 3-3　7 月底层 PHC 的分布（mg/L）

9 月，在胶州湾的湾口底层水域，从湾口内侧到湾口外侧，在胶州湾湾口内侧水域的 H36 站位，PHC 的含量较高，为 0.102mg/L，以湾口内侧水域为中心形成了 PHC 的高含量区，形成了一系列不同梯度的平行线。PHC 从湾口内侧水域的高含量（0.102mg/L）到湾口外侧沿梯度递减为 0.068mg/L（图 3-4）。

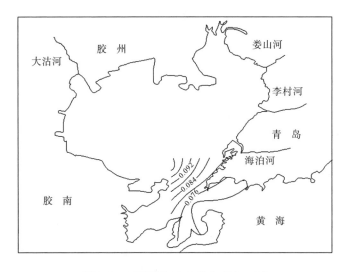

图 3-4　9 月底层 PHC 的分布（mg/L）

10月，在胶州湾的湾口底层水域，从湾口内侧到湾口外侧，在胶州湾湾口内侧水域的 H36 站位，PHC 的含量较高，为 0.065mg/L，以湾口内侧水域为中心形成了 PHC 的高含量区，形成了一系列不同梯度的平行线。PHC 从湾口内侧水域的高含量(0.065mg/L)到湾口外侧沿梯度递减为 0.028mg/L(图 3-5)。

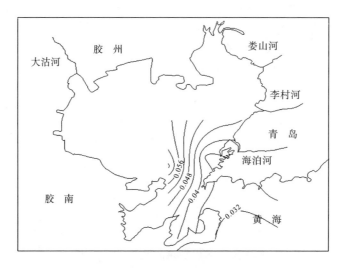

图 3-5　10 月底层 PHC 的分布(mg/L)

因此，从湾口内侧到湾口外侧，无论是沿梯度递减还是递增，PHC 含量都形成了一系列不同梯度的平行线。

3.3　石油变化的法则

3.3.1　水质

在胶州湾水域，PHC 是来自地表径流和河流的输送。PHC 先来到水域的表层，然后从表层穿过水体，来到底层。PHC 经过了垂直水体的效应作用[9]，其含量在胶州湾的湾口底层水域变化范围为 0.028～0.147mg/L，符合国家二、三类海水水质标准，表明在胶州湾的湾口底层水域，水质受到 PHC 的轻度污染。

3.3.2　迁移过程

在胶州湾的表层水域，湾内海水经过湾口与外海水交换，从湾内到湾外的物质浓度在不断地降低，同样，从湾外到湾内的物质浓度也在不断地降低[10]。

在胶州湾的湾口底层水域，6 月，从湾口到湾口外侧，PHC 含量从湾口水域到湾外水域沿梯度递减，同样，9 月和 10 月，从湾口内侧到湾口外侧，PHC 含量从湾口水域到湾外水域沿梯度递减，表明从湾口内侧或者从湾口到湾口外侧，PHC 含量都在不断地降低。因此，在胶州湾的湾口底层水域，从湾内到湾外的物质浓度在不断地降低，如 6 月、9 月和 10 月 PHC 含量的变化。

在胶州湾的湾口底层水域，7 月，从湾口外侧到湾口内侧，PHC 含量从湾外水域到湾内水域沿梯度递减，表明从湾口外侧到湾口内侧，PHC 含量在不断地降低。因此，在胶州湾的湾口底层水域，从湾外到湾内的物质浓度在不断地降低，如 7 月 PHC 含量的变化。

这样，作者认为，在胶州湾的底层水域，湾内海水经过湾口与外海水交换，从湾内到湾外的 PHC 物质浓度在不断地降低，同样，从湾外到湾内的 PHC 物质浓度也在不断地降低。

3.4　结　　论

6 月、7 月、9 月和 10 月，在胶州湾的湾口底层水域，PHC 含量的变化范围为 0.028～0.147mg/L，符合国家二、三类海水水质标准，表明海水已经受到轻微的 PHC 污染。因此，PHC 经过了垂直水体的效应作用，在 PHC 含量方面，在胶州湾的湾口底层水域，水质受到 PHC 的轻度污染。

在胶州湾的湾口底层水域，6 月，从湾口到湾口外侧，PHC 含量从湾口水域到湾外水域沿梯度递减，同样，9 月和 10 月，从湾口内侧到湾口外侧，PHC 含量从湾口水域到湾外水域沿梯度递减，而 7 月，从湾口外侧到湾口内侧，PHC 含量从湾外水域到湾内水域沿梯度递减。作者提出湾口底层水域的物质浓度变化法则：在胶州湾的湾口底层水域，湾内海水经过湾口与外海水交换，从湾内到湾外的 PHC 物质浓度在不断地降低，同样，从湾外到湾内的 PHC 物质浓度也在不断地降低。

参 考 文 献

[1] Yang D F, Zhang Y C, Zou J, et al. Contents and distribution of petroleum hydrocarbons（PHC）in Jiaozhou Bay waters[J]. Open Journal of Marine Science, 2011, 1（3）: 108-112.

[2] 杨东方, 孙培艳, 陈晨, 等. 胶州湾水域石油烃的分布及污染源[J]. 海岸工程, 2013, 32（1）: 60-72.

[3] Yang D F, Sun P Y, Lian J, et al. Input features of petroleum hydrocarbon in Jiaozhou Bay[C]. Proceedings of the 2015 International Symposium on Computers and Informatics, 2015: 2647-2654.

[4] Yang D F, Wang F Y, Zhu S X, et al. Distribution and homogeneity of petroleum hydrocarbon in Jiaozhou Bay[C].

Proceedings of the 2015 International Symposium on Computers and Informatics, F, 2015.

[5] Yang D F, Wu Y F, He H Z, et al. Vertical distribution of petroleum hydrocarbon in Jiaozhou Bay[C]. Proceedings of the International Symposium on Computers & Informatics, F, 2015.

[6] 杨东方, 王凡, 高振会, 等. 胶州湾浮游藻类生态现象[J]. 海洋科学, 2004, 28(006): 71-74.

[7] Yang D F, Gao Z H, Sun P Y, et al. Silicon limitation on primary production and its destiny in Jiaozhou Bay, China[J]. Chinese Journal of Oceanology and Limnology, 2005, 24(2): 169-175.

[8] 国家海洋局. 海洋监测规范[M]. 北京: 海洋出版社, 1991.

[9] Yang D F, Wang F Y, He H Z, et al. Vertical water body effect of benzene hexachloride[C]. Proceedings of the 2015 International Symposium on Computers and Informatics, F, 2015.

[10] 杨东方, 苗振清, 徐焕志, 等. 胶州湾海水交换的时间[J]. 海洋环境科学, 2013, 32(3): 373-380.

第4章 胶州湾水域石油的分布及变化趋势

在全球经济迅速发展的情况下，世界范围内的石油供求在不断增长，石油成为现代社会的主要能源之一。我国海洋石油勘探是从 20 世纪 60 年代开始的，1975年渤海第一座海上试验采油平台投产，揭开了我国海洋石油开发的序幕[1]。随着海洋石油勘探开发的不断加强、规模的不断扩大，海上石油勘探、开发和炼制业的发展，交通运输与油船事故的发生，大量的石油进入海洋[1,2]，给海洋环境造成了严重的污染。因此，了解近海的石油(PHC)污染程度和污染源，可以为保护海洋环境、维持生态可持续发展提供重要帮助。

在胶州湾水域，对 PHC 的含量、形态、分布及其污染现状和发展趋势都进行过研究[3,4]。本章通过 1981 年胶州湾石油(PHC)的调查资料，探讨在胶州湾海域，PHC 的来源、分布以及变化过程，研究胶州湾水域 PHC 的含量、分布特征和季节变化，为 PHC 污染环境的治理和修复提供理论依据。

4.1 背 景

4.1.1 胶州湾自然环境

胶州湾是一个半封闭的深入内陆的天然海湾，地理位置为 120°04′～120°23′E，35°58′～36°18′N，位于山东半岛南岸西部，为青岛市所包围，面积为 446km²，平均水深仅 7m。湾东部和东北部沿岸是青岛市的工业密集区域。胶州湾有洋河、大沽河等河流注入。在胶州湾的东部，有海泊河、李村河和娄山河，这 3 条河常年无自然径流，上游常年干涸，随着青岛市经济的迅速发展，中、下游已成为市区工业废水和生活污水的排泄沟渠。工业废水及生活污水汇入海区，给胶州湾带来大量的污染物，对胶州湾的环境影响较大。

4.1.2 材料与方法

本书所使用的 1981 年 4 月、8 月和 11 月胶州湾水体石油烃的调查资料由国家海洋局北海环境监测中心提供。以 4 月调查的数据代表春季，以 8 月调查的数据代表夏季，以 11 月调查的数据代表秋季。在胶州湾水域，4 月有 31 个站位取水样：H34、A1、A2、A3、A4、A5、A6、A7、A8、B1、B2、B3、B4、B5、C1、C2、C3、C4、C5、C6、C7、C8、D1、D2、D3、D4、D5、D6、D7、D8、D9；8 月，有 37 个站位取水样：A1、A2、A3、A4、A5、A6、A7、A8、B1、B3、B4、B5、C1、C2、C3、C4、C5、C6、C7、C8、D1、D2、D3、D4、D5、D6、D7、D8、D9、H34、H35、H36、H37、H38、H39、H40 和 H41；11 月，有 8 个站位取水样：H34、H35、H36、H37、H38、H39、H40 和 H41（图 4-1、图 4-2）。根据水深取水样（大于 10m 时取表层和底层，小于 10m 时只取表层），测定水样中油类含量的方法与《海洋监测规范》中规定的方法是一致的[5]。

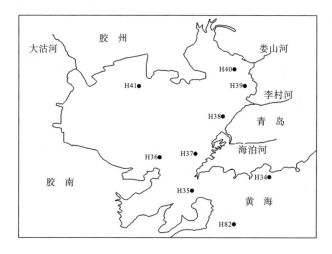

图 4-1　胶州湾 H 点调查站位

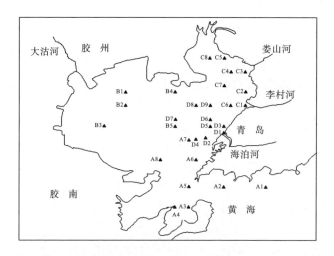

图 4-2　胶州湾 A～D 点调查站位

4.2　石油的含量及分布

4.2.1　含量

4 月，在胶州湾水体中，PHC 的含量为 0.021～0.861mg/L。只有在湾口和河湾外的 A 站位的水域，PHC 的含量为 0.021～0.049mg/L，达到了国家一、二类海水水质标准(0.05mg/L)。在湾内的水域，除了 B3、B4 和 C8 站位，整个湾内水域 PHC 的含量都超过了 0.05mg/L，整个水域都达到了国家三类海水水质标准(0.30mg/L)。而 B3、B4 和 C8 站位位于北部近岸水域，没有河流输入。在河流输入的东部近岸水域，PHC 的含量都超过了 0.5mg/L，整个水域都超过了国家四类海水水质标准(0.50mg/L)。

8 月，在胶州湾水体中，PHC 的含量为 0.011～0.889mg/L。只有在湾口和湾外的 A 站位的水域，PHC 的含量为 0.011～0.049mg/L，达到了国家一、二类海水水质标准(0.05mg/L)。在湾内的中心水体中，PHC 的含量也达到了国家一、二类海水水质标准(0.05mg/L)。而在海湾内的其他水域，超过了国家二类海水水质标准。在东部的近岸水域，即由 C1、D1 和 D2 站位组成的水域，PHC 的含量都大于 0.10mg/L。其中 D1 站位是海泊河的入海口水域，C1 站位是李村河的入海口水域，尤其 D1 站位 PHC 的含量甚至超过了国家四类海水水质标准(0.50mg/L)。

11 月，在胶州湾水体中，PHC 的含量为 0.018～0.176mg/L。水体中 PHC 的含量明显降低。整个胶州湾水域都达到了国家二、三类海水水质标准(0.30mg/L)。在湾外、湾西北部的水域，PHC 的含量低于 0.05mg/L，整个水域都达到了国家一、二类海水水质标准(0.05mg/L)。而在其他水域，尤其是在海泊河、李村河和娄山河的入海口水域及它们之间的近岸水域，都达到了国家三类海水水质标准(0.30mg/L)(表 4-1)。

表 4-1　1981 年 4 月、8 月和 11 月胶州湾表层水质

项目	4 月	8 月	11 月
海水中 PHC 含量/(mg/L)	0.021～0.861	0.011～0.889	0.018～0.176
国家海水水质标准	二、三、四类和超四类海水	二、三、四类和超四类海水	二、三类海水

4.2.2 表层水平分布

4 月，表层 PHC 含量的等值线(图 4-3)展示以海泊河的入海口水域为中心，形成了一系列不同梯度的半个同心圆。PHC 含量从中心相对比较高含量 0.861mg/L 沿梯度下降，PHC 的含量从湾东部的 0.861mg/L 降低到湾中心、湾口的 0.100mg/L，说明在胶州湾水体中沿着海泊河的河流方向，PHC 含量在不断地递减。

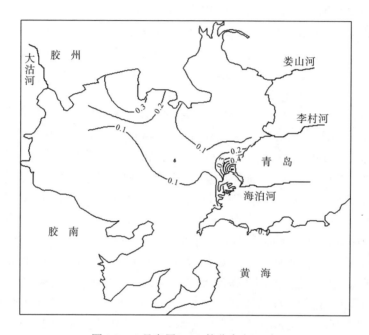

图 4-3   4 月表层 PHC 的分布(mg/L)

8 月，D1 站位是海泊河的入海口水域，C1 站位是李村河的入海口水域，在 D1 和 C1 站位，PHC 的含量较高，分别为 0.889mg/L 和 0.373mg/L。于是，在海泊河和李村河的入海口水域及它们之间的近岸水域，形成了 PHC 的高含量区。分别以 D1 和 C1 站位为中心，形成了一系列不同梯度的长条梯田形状，PHC 含量由近岸水域到湾中心沿梯度降低(图 4-4)。这样，沿着海泊河和李村河的河流方向，在胶州湾水体中 PHC 含量递减，一直降到低于 0.100mg/L。到湾中心，甚至降到低于 0.050mg/L。同样，在大沽河的入海口水域 B3 站位，PHC 的含量较高，为 0.491mg/L。以 B3 站位为中心，形成了一系列不同梯度的半个同心圆。于是，沿着大沽河的河流方向，在胶州湾水体中 PHC 含量递减，一直降到低于 0.100mg/L。到湾中心，甚至降到低于 0.050mg/L。

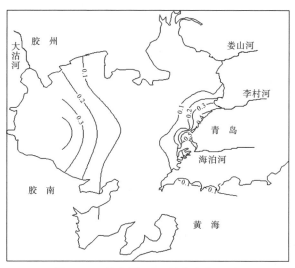

图 4-4　8 月表层 PHC 的分布(mg/L)

　　11 月，由 H40、H39 和 H38 站位组成东北部的近岸水域，这也是海泊河、李村河和娄山河的入海口水域及它们之间的近岸水域，形成了 PHC 的高含量区。其中 H40 站位是娄山河的入海口水域，H39 站位是娄山河和李村河的入海口之间的近岸水域，H38 站位是李村河和海泊河的入海口之间的近岸水域，PHC 的含量较高，分别为 0.176mg/L、0.079mg/L 和 0.103mg/L。这样，以 H40 站位为中心，形成了一系列不同梯度的半个同心圆。PHC 的含量由东北向西南方向递减，从湾东北部的 0.176mg/L 降低到湾口的 0.056mg/L，一直降低到湾西北部的 0.018mg/L。由于湾东北部的 PHC 含量较高，整个胶州湾水域都受到影响，PHC 含量较高(图 4-5)。

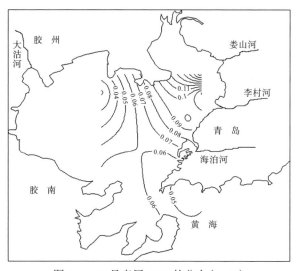

图 4-5　11 月表层 PHC 的分布(mg/L)

4.2.3　底层水平分布

在胶州湾的河口水域进行了底层 PHC 含量的调查，4 月和 8 月的站位有 A1、A2、A3、A4、A5、A6、A7、A8、B5 和 D5，11 月的站位有 H34、H35、H36、H37。

在胶州湾的湾口水域，4 月，沿梯度其含量由湾内向湾外递减，从 0.123mg/L 降低到 0.031mg/L（图 4-6）；8 月，沿梯度其含量由湾内向湾外递减，从 0.056mg/L 降低到 0.037mg/L（图 4-7）；11 月，沿梯度其含量由湾内向湾外递增，从 0.038mg/L 升高到 0.100mg/L（图 4-8）。

4.3　结　　论

在胶州湾水体中，PHC 的含量在一年中都达到了国家二、三、四类和超四类海水水质标准。在 4 月和 8 月，在整个湾内的水域达到了国家二、三、四类和超四类海水水质标准；而在 11 月，在整个湾内的水域只有二、三类海水。通过 PHC 的水平分布研究，展示了在整个胶州湾的近岸水域，PHC 的含量较高，而在湾口、湾中心和湾外的水域 PHC 的含量较低，表明 PHC 来源于近岸的河流输送，在水体中通过扩散和稀释，PHC 的含量在不断地下降。而且还表明胶州湾东部和东北部的海泊河、李村河和娄山河，还有北部的大沽河，都是胶州湾 PHC 污染的主要来源。

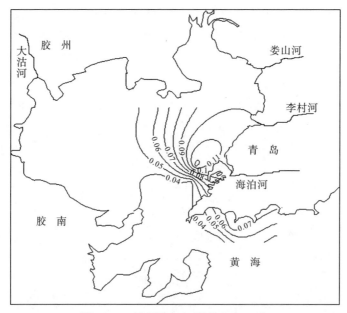

图 4-6　4 月底层 PHC 的分布（mg/L）

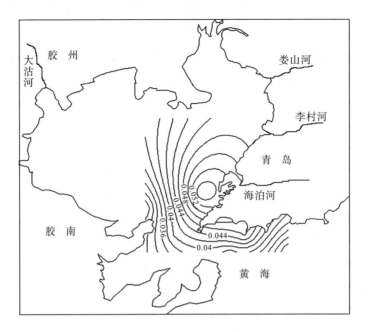

图 4-7　8 月底层 PHC 的分布(mg/L)

图 4-8　11 月底层 PHC 的分布(mg/L)

　　胶州湾水域中的 PHC 主要来源于河流的输送，这是由于工业废水和生活污水的排放。因此，加强对工业废水和生活污水的处理，减少含有 PHC 的污染物的排放，就会使河流、海湾减少 PHC 的污染。

参 考 文 献

[1] 肖祖骐. 起步中的中国海洋石油开发[J]. 油气田地面工程, 1987, 6(04): 56-58.

[2] Boyd J. Global compensation for oil pollution damages: The innovations of the American oil pollution act [J]. IEEE Transactions on Nanobioscience, 2004, 3(4): 264-275.

[3] Yang D F, Zhang Y C, Zou J, et al. Contents and distribution of petroleum hydrocarbons (PHC) in Jiaozhou Bay waters [J]. Open Journal of Marine Science, 2011, 1(3): 108-112.

[4] 杨东方, 孙培艳, 陈晨, 等. 胶州湾水域石油烃的分布及污染源[J]. 海岸工程, 2013, 32(1): 60-72.

[5] 国家海洋局. 海洋监测规范[M]. 北京: 海洋出版社, 1991.

第 5 章　胶州湾水域石油的河流输送

在全球经济迅速发展的情况下，世界范围内的石油供求在不断增长，石油成为现代社会的主要能源之一。这样，石油给陆地河流、海洋等环境造成了严重的污染[1,2]。因此，了解近海的石油(PHC)污染程度和污染源，可以为保护海洋环境、维持生态可持续发展提供重要帮助。

在胶州湾水域，对 PHC 的含量、形态、分布及其污染现状和发展趋势都进行过研究[3,4]。本章通过 1981 年胶州湾 PHC 的调查资料，探讨在胶州湾海域，PHC 的来源、分布以及迁移过程，研究胶州湾水域 PHC 的含量、污染源和陆地迁移过程，为 PHC 污染环境的治理和修复提供理论依据。

5.1　背　　景

5.1.1　胶州湾自然环境

胶州湾是一个半封闭的深入内陆的天然海湾，地理位置为 120°04′~120°23′E，35°58′~36°18′N，位于山东半岛南岸西部，为青岛市所包围，面积为 446km²，平均水深仅 7m。湾东部和东北部沿岸是青岛市的工业密集区域。胶州湾有洋河、大沽河等河流注入。在胶州湾的东部，有海泊河、李村河和娄山河，这 3 条河常年无自然径流，上游常年干涸，随着青岛市经济的迅速发展，中、下游已成为市区工业废水和生活污水的排泄沟渠。工业废水及生活污水汇入海区，给胶州湾带来大量的污染物，对胶州湾的环境影响较大。

5.1.2　材料与方法

本书所使用的 1981 年 4 月、8 月和 11 月胶州湾水体石油烃的调查资料由国家海洋局北海环境监测中心提供。以 4 月调查的数据代表春季，以 8 月调查的数据代表夏季，以 11 月调查的数据代表秋季。在胶州湾水域，4 月有 31 个站位取水样：H34、A1、A2、A3、A4、A5、A6、A7、A8、B1、B2、B3、B4、B5、C1、C2、C3、C4、C5、C6、C7、C8、D1、D2、D3、D4、D5、D6、D7、D8、D9；

8月有37个站位取水样：A1、A2、A3、A4、A5、A6、A7、A8、B1、B3、B4、B5、C1、C2、C3、C4、C5、C6、C7、C8、D1、D2、D3、D4、D5、D6、D7、D8、D9、H34、H35、H36、H37、H38、H39、H40 和 H41；11月有 8 个站位取水样：H34、H35、H36、H37、H38、H39、H40 和 H41（图 5-1、图 5-2）。根据水深取水样（大于 10m 时取表层和底层，小于 10m 时只取表层），测定水样中油类含量的方法与《海洋监测规范》中规定的方法是一致的[5]。

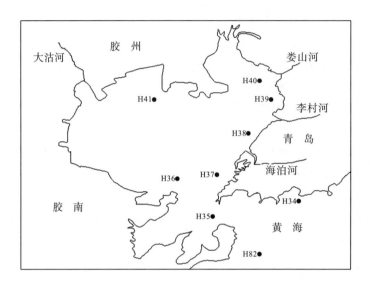

图 5-1　胶州湾 H 点调查站位

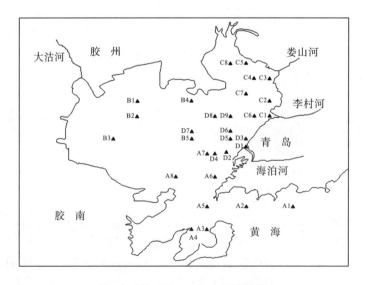

图 5-2　胶州湾 A～D 点调查站位

5.2　石油的输送过程

5.2.1　水质

4 月、8 月和 11 月，在胶州湾内，整个表层水域 PHC 的含量为 0.011～ 0.889mg/L，达到了国家二、三、四类和超四类海水水质标准。4 月和 8 月，大部分水域 PHC 在胶州湾表层水体中的含量超过了国家二类海水水质标准，达到了国家三、四类和超四类海水水质标准。11 月，与 4 月和 8 月相比，大部分水域 PHC 达到了国家一、二类海水水质标准，而且，只有很少的水域 PHC 含量达到了国家三类海水水质标准。因此，4 月，胶州湾受到 PHC 的污染，到了 8 月，胶州湾受到了 PHC 的大量污染，到了 11 月，　PHC 的污染减轻了许多。

5.2.2　污染源

4 月，在海泊河的入海口以及它们之间的近岸水域，形成了 PHC 的高含量区，而且沿着入海口水域的河流方向，形成了一系列的梯度，PHC 含量从中心高含量沿梯度降低。8 月，在海泊河和李村河的入海口以及它们之间的近岸水域，形成了 PHC 的高含量区，而且沿着入海口水域的河流方向，形成了一系列的梯度，PHC 含量从中心高含量沿梯度降低。同样，在大沽河的入海口以及它们之间的近岸水域，形成了 PHC 的高含量区，而且沿着入海口水域的河流方向，形成了一系列的梯度，PHC 含量从中心高含量沿梯度降低。11 月，在娄山河的入海口水域及它们之间的近岸水域，形成了 PHC 的高含量区，而且沿着入海口水域的河流方向，形成了一系列的梯度，PHC 含量由近岸水域到湾中心沿梯度降低。

因此，在空间尺度上，海泊河、李村河和娄山河都为胶州湾水域提供了大量的 PHC，使得在海泊河、李村河和娄山河的入海口以及它们之间的近岸水域，形成了 PHC 的高含量区，PHC 含量从中心高含量沿梯度降低。另外，在时间尺度上，4 月、8 月以及 11 月，分别由海泊河、大沽河和李村河以及娄山河为胶州湾水域提供了大量的 PHC，使得在整个湾内的水域中，PHC 的含量比较高。而在胶州湾的其他水域，PHC 的含量较低。表明胶州湾东部和东北部的海泊河、大沽河、李村河和娄山河，都是胶州湾 PHC 的主要来源。在河流输送的 PHC 上，海泊河和李村河输送的 PHC 量较大，而大沽河和娄山河输送的 PHC 量较小。

5.2.3 陆地迁移过程

胶州湾东部和东北部沿岸是青岛市的工业密集区域和生活居住区，工业废水和生活污水排放较多。在胶州湾东部和东北部沿岸有 3 条河：海泊河、李村河和娄山河，这 3 条河基本上承担着工业废水及生活污水向胶州湾排放的功能，给胶州湾带来大量含有 PHC 的污染物[3,6]。在胶州湾的北部大沽河也给胶州湾带来了含有 PHC 的污染物。因此，胶州湾水域的 PHC 是由胶州湾周边河流输送的，胶州湾周边的河流主要有东部的海泊河、李村河和东北部的娄山河以及北部的大沽河，它们给胶州湾提供了大量的 PHC。并且海泊河、李村河向胶州湾水域输送的水体的 PHC 含量较高，为 0.889mg/L，大沽河向胶州湾水域输送的水体的 PHC 含量为 0.491mg/L，而娄山河向胶州湾水域输送的水体的 PHC 含量较低，为 0.176mg/L。

5.2.4 河流输送

在胶州湾水体中，PHC 表层含量在 4 月、8 月和 11 月的变化完全依赖于河流对 PHC 的大量输送，这与胶州湾的入湾河流输送六六六（HCH）的结果是一致的[6-9]。

在胶州湾水体中，PHC 含量变化是由河流的输送来决定的。将河流输送 PHC 的强度分为 3 个阶段。第一阶段，出现了 PHC 的高含量区。4 月，海泊河刚刚开始为胶州湾水域提供大量的 PHC，使得海泊河的入海口水域以及其近岸水域，形成了 PHC 的高含量区（0.861mg/L）。而在李村河和娄山河的入海口水域以及它们之间的近岸水域都没有形成 PHC 的高含量区。并且在胶州湾的其他大部分水域：湾中心、湾口和湾外，PHC 的含量较低（0.100mg/L）（图 5-3）。第二阶段，PHC 的高含量区进一步扩展。8 月，湾的东部有相邻的海泊河和李村河，在这两个河流的入海口之间的近岸水域，形成了 PHC 的高含量区（0.889mg/L）。湾的北部有大沽河，在这个河流入海口的近岸水域，形成了 PHC 的高含量区（0.491mg/L）。而在胶州湾的其他部分水域：湾中心、湾口和湾外，PHC 的含量较低（0.100mg/L）（图 5-4）。第三阶段，PHC 的高含量区在收缩。11 月，娄山河为胶州湾水域提供 PHC，使得在海泊河、李村河和娄山河的入海口水域及它们之间的近岸水域，形成了 PHC 的高含量区（0.176mg/L），但与第二阶段 PHC 的高含量区相比，PHC 的含量有了大幅度的降低，使得胶州湾的其他大部分水域：湾中心、湾口和湾外，PHC 的含量较低（0.100mg/L）（图 5-5）。这 3 个阶段展示了河流输送 PHC 的强度变化过程。河流输送 PHC 的强度变化展示了在胶州湾的水域内 PHC 的表、底层含量的变化。

图 5-3　4 月表层 PHC 的分布(mg/L)

图 5-4　8 月表层 PHC 的分布(mg/L)

图 5-5　11 月表层 PHC 的分布(mg/L)

5.3　结　　论

　　PHC 的陆地迁移过程展示了胶州湾水域的 PHC 是由胶州湾周边河流输送的。胶州湾周边河流主要有东部和东北部的海泊河、李村河和娄山河，还有北部的大沽河，它们给胶州湾提供了大量的 PHC，其中娄山河与其他 3 条河流相比，提供的 PHC 相对较少。这样，从湾的东部、东北部和北部近岸水域到湾的其他水域(包括湾中心、湾口和湾外)都展示了 PHC 的含量从高到低的下降趋势。

　　在胶州湾水体中，PHC 表层含量在 4 月、8 月和 11 月的变化完全依赖于河流对 PHC 的大量输送。作者将河流输送 PHC 的强度分为 3 个阶段：第一阶段，出现了 PHC 的高含量区；第二阶段，PHC 的高含量区进一步扩展；第三阶段，PHC 的高含量区已经开始收缩。这 3 个阶段展示了河流输送 PHC 的强度变化过程。河流输送 PHC 的强度变化展示了在胶州湾的水域内 PHC 的表、底层含量的变化。

　　胶州湾水域中的 PHC 主要来源于河流的输送，这是由于工业废水和生活污水的排放。因此，减少含有 PHC 的污染物的排放有利于减轻 PHC 对河流的污染。

参 考 文 献

[1] 肖祖骐. 起步中的中国海洋石油开发[J]. 油气田地面工程, 1987, 6(04): 56-58.

[2] Boyd J. Global compensation for oil pollution damages: The innovations of the American oil pollution act [J]. IEEE Transactions on Nanobioscience, 2004, 3(4): 264-275.

[3] Yang D F, Zhang Y C, Zou J, et al. Contents and distribution of petroleum hydrocarbons (PHC) in Jiaozhou Bay waters [J]. Open Journal of Marine Science, 2011, 1(3): 108-112.

[4] 杨东方, 孙培艳, 陈晨, 等. 胶州湾水域石油烃的分布及污染源[J]. 海岸工程, 2013, 32(1): 60-72.

[5] 国家海洋局. 海洋监测规范[M]. 北京: 海洋出版社, 1991.

[6] 杨东方, 高振会, 曹海荣. 胶州湾水域有机农药六六六分布及迁移[J]. 海岸工程, 2008, 27(2): 65-71.

[7] 杨东方, 曹海荣, 高振会. 胶州湾水体重金属 Hg Ⅰ. 分布和迁移[J]. 海洋环境科学, 2008, 27(1): 37-39.

[8] 杨东方, 高振会, 孙培艳, 等. 胶州湾水域有机农药六六六春、夏季的含量及分布[J]. 海岸工程, 2009, 28(2): 69-77.

[9] 杨东方, 王磊磊, 高振会, 等. 胶州湾水体重金属 Hg Ⅱ. 分布和污染源[J]. 海洋环境科学, 2009, 28(05): 501-505.

第 6 章 胶州湾底层水域石油迁移规则

石油(PHC)是工业的血液，在国民经济的发展中具有不可替代的作用。石油消费的大量增长与中国经济的发展形成了强烈的依存关系。于是，生产生活中产生的大量石油排放物在陆地表面和河流输送下，引起了海洋水质的变化[1-5]。并且，大量石油在水体表层中迁移到底部。本章通过 1981 年胶州湾 PHC 的调查资料，研究胶州湾的湾口底层水域，确定 PHC 的含量、分布以及迁移过程，展示胶州湾底层水域 PHC 的含量现状和分布特征、变化法则，为 PHC 在底层水域的存在及迁移的研究提供科学依据。

6.1 背　景

6.1.1　胶州湾自然环境

胶州湾位于山东半岛南部，其地理位置为 120°04′~120°23′E，35°58′~36°18′N，以团岛与薛家岛连线为界，与黄海相通，面积约为 446km²，平均水深约为 7m，是一个典型的半封闭型海湾。胶州湾入海的河流有十几条，其中径流量和含沙量较大的为大沽河和洋河，另外，青岛市区的海泊河、李村河和娄山河等河流均属季节性河流，河水水文特征有明显的季节性变化[6,7]。

6.1.2　材料与方法

本书所使用的 1981 年 4 月、8 月和 11 月胶州湾水体 PHC 的调查资料由国家海洋局北海环境监测中心提供。在胶州湾底层水域，PHC 含量的调查站位：4 月和 8 月有 A1、A2、A3、A4、A5、A6、A7、A8、B5 和 D5，11 月有 H34、H35、H36、H37(图 6-1、图 6-2)。分别于 1981 年 4 月、8 月和 11 月 3 次进行取样，根据水深取水样(大于 10m 时取表层和底层，小于 10m 时只取表层)，进行调查采样。按照国家标准方法进行胶州湾水体 PHC 的调查，该方法被收录在国家的《海洋监测规范》中[8]。

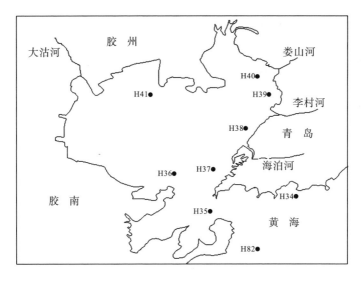

图 6-1　胶州湾 H 点调查站位

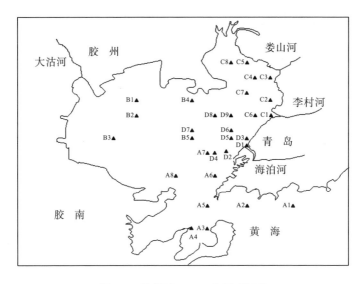

图 6-2　胶州湾 A～D 点调查站位

6.2　石油的底层含量及分布

6.2.1　含量

4 月，在胶州湾水体中，底层 PHC 的含量为 0.031～0.123mg/L。在湾内的中心水域 D5 和 B5 站位以及湾外水域的 A2 站位，底层 PHC 的含量超过了 0.05mg/L，符合国家三类海水水质标准(0.30mg/L)。湾内、外的其他水域,底层 PHC 的含量符合国家一、二类海水水质标准(0.05mg/L)。

8 月,在胶州湾水体中,底层 PHC 的含量为 0.028～0.056mg/L。水体中 PHC 的含量明显降低,只有湾口内侧水域的 A6 站位,PHC 的含量为 0.056mg/L,符合国家三类海水水质标准(0.30mg/L)。湾内、外的其他水域,底层 PHC 的含量符合国家一、二类海水水质标准(0.05mg/L)。

11 月,在胶州湾水体中,底层 PHC 的含量为 0.038～0.100mg/L。底层水体中 PHC 的含量明显升高,湾口和湾口的外侧水域,整个水域都达到了国家三类海水水质标准(0.30mg/L)。而湾口的内侧水域,整个水域都符合国家一、二类海水水质标准(0.05mg/L)(表 6-1)。

表 6-1 4 月、8 月和 11 月胶州湾底层水质

项目	4 月	8 月	11 月
海水中底层 PHC 含量/(mg/L)	0.031～0.123	0.028～0.056	0.038～0.100
国家海水水质标准	二、三类海水	二、三类海水	二、三类海水

因此,4 月、8 月和 11 月,在胶州湾水体中底层 PHC 含量为 0.028～0.123mg/L,符合国家一、二和三类海水水质标准。表明 4 月、8 月和 11 月,在胶州湾的湾口底层水域,水质受到 PHC 的轻度污染(表 6-1)。

6.2.2 水平分布

4 月、8 月和 11 月,在胶州湾的湾口底层水域,从湾口内侧到湾口,再到湾口外侧:4 月和 8 月的站位有 A1、A2、A3、A4、A5、A6、A7、A8、B5 和 D5,11 月的站位有 H34、H35、H36、H37。PHC 含量在底层的水平分布如下。

4 月,在胶州湾的湾口底层水域,从湾内中心到湾口外侧,在胶州湾湾内中心水域的 D5 站位,PHC 的含量较高,为 0.123mg/L,以湾内中心水域为中心形成了 PHC 的高含量区,形成了一系列不同梯度的半圆。PHC 从湾内中心的高含量(0.123mg/L)到湾口水域沿梯度递减为 0.031mg/L(图 6-3)。

8 月,在胶州湾的湾口底层水域,从湾口内侧到湾口外侧,在湾口内侧水域的 A6 站位,PHC 的含量较高,为 0.056mg/L,以湾口内侧水域为中心形成了 PHC 的高含量区,形成了一系列不同梯度的半圆。PHC 从湾口内侧的高含量(0.056mg/L)到湾口外侧水域沿梯度递减为 0.028mg/L(图 6-4)。

11 月,在胶州湾的湾口底层水域,从湾口外侧的东部到湾口内侧,在胶州湾湾口外侧东部水域的 H34 站位,PHC 的含量较高,为 0.100mg/L,以湾口外侧东部水域为中心形成了 PHC 的高含量区,形成了一系列不同梯度的平行线。PHC

从湾口外侧东部水域的高含量(0.100mg/L)到湾口内侧沿梯度递减为0.038mg/L(图 6-5)。

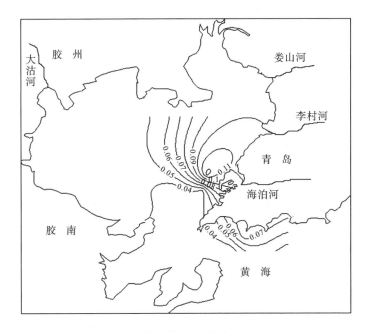

图 6-3　4 月底层 PHC 的分布(mg/L)

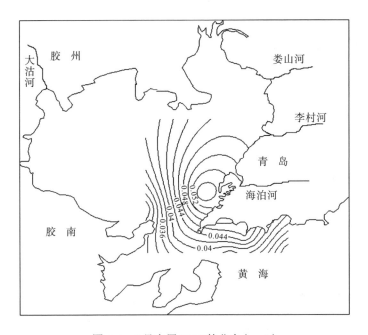

图 6-4　8 月底层 PHC 的分布(mg/L)

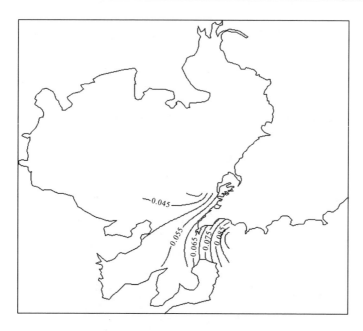

图 6-5　11 月底层 PHC 的分布(mg/L)

因此，4 月和 8 月，从湾口内侧到湾口外侧，底层 PHC 含量由湾内向湾外沿梯度递减，而 11 月，从湾口外侧到湾口内侧，底层 PHC 含量由湾外向湾内沿梯度递减。

6.3　石油的迁移规律

6.3.1　水质

在胶州湾水域，PHC 来自地表径流的输送和河流的输送。PHC 先来到水域的表层，然后迁移到底层。PHC 经过了垂直水体的效应作用[9]，PHC 含量在胶州湾湾口底层水域的变化范围为 0.028～0.123mg/L，符合国家二、三类海水水质标准。展示了在 PHC 含量方面，在胶州湾的湾口底层水域，水质受到 PHC 的轻度污染。

6.3.2　迁移过程

在胶州湾的表层水域，湾内海水经过湾口与外海水交换，从湾内到湾外的 PHC 物质浓度不断地降低，同样，从湾外到湾内的 PHC 物质浓度也不断地降低[10]。

在胶州湾的湾口底层水域，4 月和 8 月，从湾口内侧到湾口外侧，PHC 含量从湾内水域到湾外水域沿梯度递减，展示了 PHC 的高含量来自湾内，向湾外扩散，浓度在不断地降低。

在胶州湾的湾口底层水域，11 月，从湾口外侧到湾口内侧，PHC 含量从湾外水域到湾内水域沿梯度递减，展示了 PHC 的高含量来自湾外，向湾内扩散，浓度在不断地降低。

因此，作者认为，在胶州湾的底层水域，PHC 的高含量既可来自湾内，也可来自湾外；PHC 的高含量既可从湾内向湾外扩散，又可从湾外向湾内扩散。说明在垂直水体的效应作用下，PHC 在水体中的迁移过程表明了 PHC 的迁移轨迹。

6.4 结　　论

4 月、8 月和 11 月，在胶州湾的湾口底层水域，PHC 含量的变化范围为 0.028～0.123mg/L，符合国家二、三类海水水质标准，表明海水已经受到轻度的 PHC 污染。因此，在垂直水体的效应作用下，在胶州湾的湾口底层水域，水质受到 PHC 的轻度污染。

在胶州湾的湾口底层水域，4 月和 8 月，从湾口内侧到湾口外侧，PHC 含量从湾内水域到湾外水域沿梯度递减，而 11 月，从湾口外侧到湾口内侧，PHC 含量从湾外水域到湾内水域沿梯度递减。作者提出了湾口底层水域的物质含量迁移规则：经过垂直水体的效应作用，物质含量既可来自湾内，也可来自湾外，而且，无论是从湾内到湾外还是从湾外到湾内，物质都要经过湾口扩散，揭示了 PHC 在水体中的迁移过程。

参 考 文 献

[1] Yang D F, Zhang Y C, Zou J, et al. Contents and distribution of petroleum hydrocarbons（PHC）in Jiaozhou Bay waters[J]. Open Journal of Marine Science, 2011, 1（3）: 108-112.

[2] 杨东方, 孙培艳, 陈晨, 等. 胶州湾水域石油烃的分布及污染源[J]. 海岸工程, 2013, 32（1）: 60-72.

[3] Yang D F, Sun P Y, Lian J, et al. Input features of petroleum hydrocarbon in Jiaozhou Bay[C]. Proceedings of the 2015 International Symposium on Computers and Informatics, 2015: 2647-2654.

[4] Yang D F, Wang F Y, Zhu S X, et al. Distribution and homogeneity of petroleum hydrocarbon in Jiaozhou Bay[C]. Proceedings of the 2015 International Symposium on Computers and Informatics, F, 2015.

[5] Yang D F, Wu Y F, He H Z, et al. Vertical distribution of petroleum hydrocarbon in Jiaozhou Bay[C]. Proceedings of the International Symposium on Computers & Informatics, F, 2015.

[6] 杨东方, 王凡, 高振会, 等. 胶州湾浮游藻类生态现象[J]. 海洋科学, 2004, 28(006): 71-74.

[7] Yang D F, Gao Z H, Sun P Y, et al. Silicon limitation on primary production and its destiny in Jiaozhou Bay, China[J]. Chinese Journal of Oceanology and Limnology, 2005, 24(2): 169-175.

[8] 国家海洋局. 海洋监测规范[M]. 北京: 海洋出版社, 1991.

[9] Yang D F, Wang F Y, He H Z, et al. Vertical water body effect of benzene hexachloride[C]. Proceedings of the International Symposium on Computers & Informatics, F, 2015.

[10] 杨东方, 苗振清, 徐焕志, 等. 胶州湾海水交换的时间[J]. 海洋环境科学, 2013, 32(3): 373-380.

第7章 胶州湾水域石油的沉降

随着我国工农业经济的迅速发展，石油成为我国现代社会的主要能源之一。随着石油使用的不断增加和广泛，大量的石油进入海洋[1,2]，给海洋环境造成了严重的污染。了解近海的石油(PHC)污染程度和污染源，对保护海洋环境、维持生态可持续发展有着重要的意义。

在胶州湾水域，对 PHC 的含量、形态、分布及其污染现状和发展趋势都进行过研究[3,4]。本章通过 1981 年胶州湾 PHC 的调查资料，探讨在胶州湾海域，PHC 的来源、分布以及水域迁移过程，研究胶州湾水域 PHC 的垂直分布和季节变化，为 PHC 污染环境的治理和修复提供理论依据。

7.1 背　　景

7.1.1 胶州湾自然环境

胶州湾是一个半封闭的深入内陆的天然海湾,地理位置为 120°04′～120°23′E，35°58′～36°18′N，位于山东半岛南岸西部，为青岛市所包围，面积约为 446km²，平均水深仅 7m。湾东部和东北部沿岸是青岛市的工业密集区域。胶州湾有洋河、大沽河等河流注入。在胶州湾的东部，有海泊河、李村河和娄山河，这 3 条河常年无自然径流，上游常年干涸，随着青岛市经济的迅速发展，中、下游已成为市区工业废水和生活污水的排泄沟渠。工业废水及生活污水汇入海区，给胶州湾带来大量的污染物，对胶州湾的环境影响较大。

7.1.2 材料与方法

本书所使用的 1981 年 4 月、8 月和 11 月胶州湾水体 PHC 的调查资料由国家海洋局北海环境监测中心提供。以 4 月调查的数据代表春季，以 8 月调查的数据代表夏季，以 11 月调查的数据代表秋季。在胶州湾水域，4 月有 31 个站位取水样：H34、A1、A2、A3、A4、A5、A6、A7、A8、B1、B2、B3、B4、B5、C1、C2、C3、C4、C5、C6、C7、C8、D1、D2、D3、D4、D5、D6、D7、D8、D9；

8月有37个站位取水样：A1、A2、A3、A4、A5、A6、A7、A8、B1、B3、B4、
B5、C1、C2、C3、C4、C5、C6、C7、C8、D1、D2、D3、D4、D5、D6、D7、
D8、D9、H34、H35、H36、H37、H38、H39、H40和H41；11月有8个站位取
水样：H34、H35、H36、H37、H38、H39、H40和H41（图7-1、图7-2）。根据水
深取水样（大于10m时取表层和底层，小于10m时只取表层），测定水样中油类含
量的方法与《海洋监测规范》中规定的方法是一致的[5]。

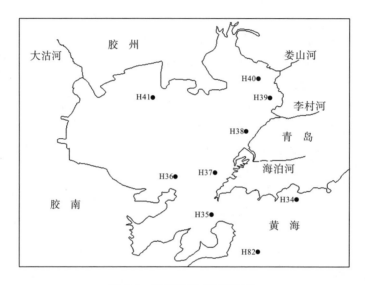

图7-1　胶州湾H点调查站位

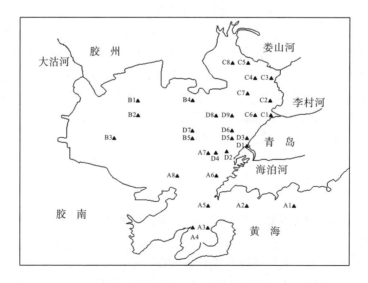

图7-2　胶州湾A～D点调查站位

7.2　石油的分布

7.2.1　水平和垂直分布

4月、8月和11月，在A1、A2、A3、A5、A6、A7、A8、B5、D5、H34、H35、H36和H37站位，进行PHC的表、底层含量调查。

4月，在胶州湾的湾口水域，从湾内到湾口，在表层，PHC含量沿梯度降低，从0.166mg/L迅速降低到0.040mg/L。在底层，PHC含量沿梯度降低，从0.123mg/L迅速降低到0.031mg/L。表明表、底层的水平分布趋势是一致的。

8月，在胶州湾的湾口水域，从湾内到湾口，在表层，PHC含量沿梯度降低，其含量从0.056mg/L降低到0.0118mg/L。在底层，PHC含量沿梯度降低，从0.056mg/L降低到0.037mg/L。表明表、底层的水平分布趋势是一致的。

11月，在胶州湾的湾口水域，从湾内到湾口，在表层，PHC含量沿梯度降低，从0.068mg/L逐渐降低到0.041mg/L。在底层，PHC含量沿梯度上升，从0.038mg/L升高到0.100mg/L。表明表、底层的水平分布趋势是不一致的。

因此，在表层水体中，PHC含量在4月、8月比较高时，表、底层的水平分布趋势是一致的。PHC含量在11月比较低时，PHC不断地沉降，经过海底的累积，于是，表、底层的水平分布趋势不一致。

4月，在B5站位，PHC的表层含量高于底层。在湾口的A1、A2、A3、A6、A7、A8、D5和H34站位，PHC的表层含量低于底层。A5站位PHC的表层含量等于底层。将表、底层含量在每个站位进行相减，其差值为-0.043～0.114mg/L，正值只有0.114mg/L。在湾内中心的B5站位，最大的负值(-0.043mg/L)在湾内河口的D5站位，差值为0的在湾口的A5站位。

8月，在A1、A8、H34和H36站位，PHC的表层含量高于底层。在A2、A3、A5、A7、B5、H35和H37站位，PHC的表层含量低于底层。A6和H37站位PHC的表层含量等于底层。将表、底层含量在每个站位进行相减，其差值为负的为-0.0282～-0.009mg/L，为正的为0.012～0.021mg/L，还有两个站位的差值为0。最大的负值(-0.0282mg/L)在湾口的A5站位，最大的正值(0.021mg/L)在湾外的A1和H34站位。

11月，在H35、H36和H37站位，PHC的表层含量高于底层。在H34站位，PHC的表层含量低于底层。将表、底层含量在每个站位进行相减，其差值为负的为-0.059mg/L，为正的为0.006～0.021mg/L。最大的负值(-0.059mg/L)在H34站位，最小的正值(0.006mg/L)在H35站位，最大的正值(0.021mg/L)在H36站位。

因此，4月，PHC的表层含量高于底层的水域比较小，而PHC的表层含量低于底层的水域比较大。到了 8 月，PHC 的表层含量高于底层的水域就变得比较大，而 PHC 的表层含量低于底层的水域就变得比较小。到了 11 月，又与 4 月情况一样，PHC 的表层含量高于底层的水域比较小，而 PHC 的表层含量低于底层的水域比较大。4 月、8 月和 11 月，PHC 的表、底层含量差值比较小，总体来看 PHC 的表、底层含量都相近。

7.2.2　季节变化

4 月，PHC 在胶州湾表层水体中的含量较低，其范围为 0.021～0.861mg/L；8 月，表层水体中 PHC 的含量明显升高，其范围为 0.011～0.889mg/L；11 月，PHC 在胶州湾表层水体中的含量明显下降，其范围为 0.018～0.176mg/L。因此，胶州湾表层水体中的 PHC 含量的季节变化规律是：从 4 月 PHC 含量逐渐升高，到 8 月 PHC 含量达到最高值，然后 PHC 含量开始下降，到 11 月达到最低值，而且 PHC 含量高于 0.1mg/L 的水域，在 4 月和 8 月都非常大，几乎扩展到整个胶州湾水域，然后到 11 月此水域开始减小，直至变得非常小。

7.3　石油的沉降

7.3.1　水域迁移过程

PHC 从河口经过胶州湾，迁移到湾外，展示了 PHC 的水域迁移过程。海泊河、李村河和娄山河的入海口在胶州湾的东部和东北部水域，它们为湾的东北部近岸水域提供了 PHC，沿着河流的输送方向展示出 PHC 的含量呈梯度变化，即从高到低呈下降趋势。

PHC 的水域迁移过程：PHC 进入表层海水，会受到海水的稀释，会被微生物分解。进一步，PHC 吸附在固体颗粒物上沉积，吸附与沉淀作用可使海洋中的 PHC 进入沉积物[6]。从春季的 5 月开始，海洋生物大量繁殖，数量迅速增加，到夏季的 8 月，达到高峰[7]。由于浮游生物的繁殖活动，悬浮颗粒物表面形成胶体，此时的吸附力最强，吸附了大量的 PHC，大量的 PHC 随着悬浮颗粒物迅速沉降到海底。同时，微生物对 PHC 大量分解，使得 PHC 的表层含量迅速下降。

7.3.2　含量的时空变化

在空间尺度上，海泊河、李村河、娄山河和大沽河都为胶州湾水域提供了大量的 PHC，使得在海泊河、李村河和娄山河的入海口以及它们之间的近岸水域，形成了 PHC 的高含量区，PHC 含量从中心高含量沿梯度降低。于是，从河流的入海口及其近岸水域，到湾中心、湾口和湾外，PHC 的含量逐渐降低。展示了河流对 PHC 的大量输送和表层 PHC 含量的迅速下降。

在时间尺度上，4 月和 8 月，PHC 在整个湾内水域的含量高，到 11 月，在胶州湾的大部分水域，PHC 含量变得比较低，PHC 表层含量迅速下降。在垂直分布上，PHC 的表、底层含量都相近，水体的垂直断面分布均匀，这充分揭示了 PHC 表层含量迅速下降的过程及结果。

因此，在时空变化的尺度上，PHC 含量在水体中的变化都证实了 PHC 的水域迁移过程。

7.4　结　　论

在表层水体中，PHC 含量在 4 月、8 月比较高时，表、底层的水平分布趋势是一致的。到 11 月 PHC 含量比较低，PHC 不断地沉降，经过海底的累积，于是，表、底层的水平分布趋势不一致。

4 月，PHC 的表层含量高于底层的水域比较小，而 PHC 的表层含量低于底层的水域比较大。到了 8 月，PHC 的表层含量高于底层的水域就变得比较大，而 PHC 的表层含量低于底层的水域就变得比较小。到了 11 月，又与 4 月情况一样，PHC 的表层含量高于底层的水域比较小，而 PHC 的表层含量低于底层的水域比较大。4 月、8 月和 11 月，PHC 的表、底层含量差值比较小，总体来看 PHC 的表、底层含量都相近。

从 4 月 PHC 含量逐渐升高，到 8 月 PHC 含量达到最高值，然后 PHC 含量开始下降，到 11 月达到最低值，而且 PHC 含量高于 0.1mg/L 的水域，在 4 月和 8 月都非常大，几乎扩展到整个胶州湾水域，然后到 11 月此水域开始减小，直至变得非常小。

在空间尺度上，海泊河、李村河、娄山河和大沽河都为胶州湾水域提供了大量的 PHC，从河流的入海口及其近岸水域，到湾中心、湾口和湾外，PHC 的含量逐渐降低。在时间尺度上，4 月和 8 月，PHC 在整个湾内水域的含量高，到 11 月，在胶州湾的大部分水域，PHC 含量变得比较低。因此，在时空变化的尺度上，充分表明了 PHC 的水域迁移过程：微生物对 PHC 的大量分解和大量的 PHC 随着悬浮颗粒物迅速沉降到海底。而且，PHC 的表、底层含量都相近，水体的垂直断面分布均匀，展示了 PHC 表层含量的迅速下降。

胶州湾水域中的 PHC 主要来源于河流的输送，这是由于工业废水和生活污水的排放。因此，加强对工业废水和生活污水的处理，减少含有 PHC 的污染物排放，就会使河流、海湾的 PHC 污染降低。

参 考 文 献

[1] 肖祖骐. 起步中的中国海洋石油开发[J]. 油气田地面工程, 1987, 6(04): 56-58.

[2] Boyd J. Global compensation for oil pollution damages: The innovations of the American oil pollution act[J]. IEEE Transactions on Nanobioscience, 2004, 3(4): 264-275.

[3] Yang D F, Zhang Y C, Zou J, et al. Contents and distribution of petroleum hydrocarbons (PHC) in Jiaozhou Bay waters[J]. Open Journal of Marine Science, 2011, 1(3): 108-112.

[4] 杨东方, 孙培艳, 陈晨, 等. 胶州湾水域石油烃的分布及污染源[J]. 海岸工程, 2013, 32(1): 60-72.

[5] 国家海洋局. 海洋监测规范[M]. 北京: 海洋出版社, 1991.

[6] 尚龙生, 孙茜. 海洋石油污染与测定[J]. 海洋环境科学, 1997, 16(001): 16-21.

[7] 杨东方, 王凡, 高振会, 等. 胶州湾浮游藻类生态现象[J]. 海洋科学, 2004, 28(006): 71-74.

第8章 胶州湾水域石油的分布及均匀性

海洋溢油是重要的环境污染问题之一。1991～1998 年，辽宁、河北和山东三省发生在船舶、海洋石油平台、海上输油管道等的溢油污染事故共计 71 起[1]，给海洋环境造成了严重的污染。因此，了解近海的石油(PHC)污染程度和污染源，可以为保护海洋环境、维持生态可持续发展提供重要帮助。

在胶州湾水域，对 PHC 的含量、形态、分布及其污染现状和发展趋势都进行过研究[2,3]。本章通过 1982 年胶州湾 PHC 的调查资料，探讨在胶州湾海域，PHC 的来源、分布以及变化过程，研究胶州湾水域 PHC 的含量、分布特征和季节变化，为 PHC 污染环境的治理和修复提供理论依据。

8.1 背　　景

8.1.1 胶州湾自然环境

胶州湾地理位置为 120°04′～120°23′E，35°58′～36°18′N，在山东半岛南部，面积约为 446km^2，平均水深约为 7 m，是一个典型的半封闭型海湾。胶州湾入海的河流主要有大沽河和洋河，其径流量和含沙量均较大，河水水文特征有明显的季节性变化[4]。另外还有海泊河、李村河、娄山河等小河流入胶州湾。

8.1.2 材料与方法

本书所使用的 1982 年 4 月、6 月、7 月和 10 月胶州湾水体 PHC 的调查资料由国家海洋局北海环境监测中心提供。4 月、7 月和 10 月，在胶州湾水域设 5 个站位取水样：083、084、121、122、123；6 月，在胶州湾水域设 4 个站位取水样：H37、H39、H40、H41(图 8-1)。分别于 1982 年 4 月、6 月、7 月和 10 月 4 次进行取样，根据水深取水样(大于 10m 时取表层和底层，小于 10m 时只取表层)，进行调查采样。按照国家标准方法进行胶州湾水体 PHC 的调查，该方法被收录在国家的《海洋监测规范》中[5]。

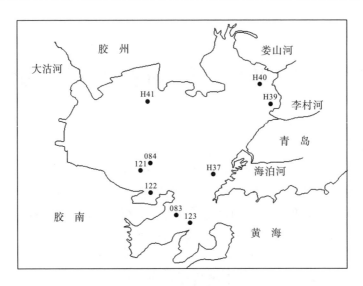

图 8-1　胶州湾调查站位

8.2　石油的含量及分布

8.2.1　含量

4 月、7 月和 10 月，胶州湾西南沿岸水域 PHC 含量为 0.03～0.07mg/L。6 月，胶州湾东部和北部沿岸水域 PHC 含量为 0.05～0.10mg/L。在 4 月、6 月、7 月和 10 月，PHC 在胶州湾水体中的含量为 0.03～0.10mg/L，都没有超过国家三类海水水质标准。表明在 4 月、6 月、7 月和 10 月，胶州湾表层水质在整个水域符合国家二、三类海水水质标准（0.30mg/L）（表 8-1）。

表 8-1　1982 年 4 月、6 月、7 月和 10 月胶州湾表层水质

项目	4 月	6 月	7 月	10 月
海水中 PHC 含量/(mg/L)	0.05～0.07	0.05～0.10	0.04～0.07	0.03～0.04
国家海水水质标准	三类海水	三类海水	二、三类海水	二类海水

8.2.2　水平分布

4 月、7 月和 10 月，在胶州湾水域设 5 个站位：083、084、121、122、123，这些站位在胶州湾西南沿岸水域（图 8-1）。4 月，在西南沿岸水域的 122 站位，PHC 含量相对较高，为 0.07mg/L，以站位 122 为中心形成了 PHC 的高含量区，形成

了一系列不同梯度的半个同心圆。PHC 从中心的高含量(0.07mg/L)向湾中心水域沿梯度递减到 0.05mg/L(图 8-2)。7 月，在西南沿岸水域的 121 站位，PHC 含量相对较高，为 0.07mg/L，以 121 站位为中心形成了 PHC 的高含量区，形成了一系列不同梯度的半个同心圆。PHC 从中心的高含量(0.07mg/L)向湾中心水域沿梯度递减到 0.04mg/L(图 8-3)。10 月，在西南沿岸水域，PHC 含量相对较高，为 0.04mg/L，以西南沿岸水域为中心形成了 PHC 的高含量区，形成了一系列不同梯度的半个同心圆。PHC 从中心的高含量(0.04mg/L)向湾中心水域或者向湾口水域沿梯度递减到 0.03mg/L(图 8-4)。

6 月，在胶州湾水域设 4 个站位：H37、H39、H40、H41，这些站位在胶州湾东部和北部沿岸水域(图 8-1)。在娄山河入海口水域的 H40 站位，PHC 的含量达到最高，为 0.10mg/L。表层 PHC 含量的等值线(图 8-5)，展示以娄山河的入海口水域为中心，形成了一系列不同梯度的半个同心圆。PHC 从中心的高含量(0.10mg/L)沿梯度下降，PHC 的含量从湾底东北部的 0.10mg/L 降低到湾西南湾口的 0.05mg/L，说明在胶州湾水体中沿着娄山河的河流方向，PHC 含量在不断地降低(图 8-5)。

图 8-2　4 月表层 PHC 的分布(mg/L)

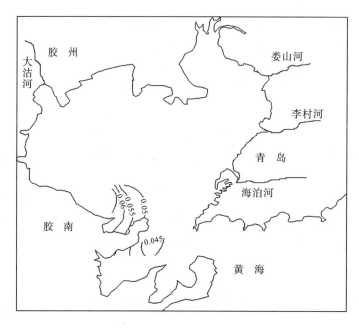

图 8-3　7 月表层 PHC 的分布(mg/L)

图 8-4　10 月表层 PHC 的分布(mg/L)

图 8-5 6 月表层 PHC 的分布 (mg/L)

8.2.3 季节变化

4 月，胶州湾西南沿岸水域 PHC 含量为 0.05~0.07mg/L，符合国家三类海水水质标准 (0.30mg/L)。7 月，胶州湾西南沿岸水域 PHC 含量为 0.04~0.07mg/L，符合国家二类 (0.05mg/L)、三类 (0.30mg/L) 海水水质标准。10 月，胶州湾西南沿岸水域 PHC 含量为 0.03~0.04mg/L，符合国家二类海水水质标准 (0.05mg/L)。对此，PHC 含量的季节变化形成了从春季到夏季再到秋季的下降曲线。

8.3 石油的均匀性

8.3.1 水质

4 月、7 月和 10 月，胶州湾西南沿岸水域 PHC 含量为 0.03~0.07mg/L，都符合国家二、三类海水水质标准；6 月，胶州湾东部和北部沿岸水域 PHC 含量为 0.05~0.10mg/L，符合国家三类海水水质标准。因此，4 月和 6 月，胶州湾西南沿岸水域受到了 PHC 的轻度污染，7 月，胶州湾东部和北部沿岸水域受到了 PHC 的轻度污染，而且，胶州湾西南沿岸水域比胶州湾东部和北部沿岸水域的 PHC 的污染程度相对要轻一些。10 月，胶州湾西南沿岸水域没有受到 PHC 的污染。表明在胶州湾西南沿岸水域，随着时间变化，从 4 月至 7 月再到 10 月，PHC 含量不断地降低。

8.3.2 来源

4 月、7 月和 10 月，胶州湾西南沿岸水域形成了 PHC 的高含量区，并且形成了一系列不同梯度的半个同心圆，PHC 含量沿梯度向周围水域递减，如向湾中心或者向湾口等水域。表明 PHC 的来源是地表径流的输送。

6 月，在娄山河的入海口水域，PHC 的含量达到最高，为 0.10mg/L。在胶州湾水体中，沿着娄山河的河流方向，PHC 含量不断地递减，降低到湾口为 0.05mg/L。表明在胶州湾水域，PHC 的来源是陆地河流的输送。

因此，胶州湾水域 PHC 的污染源是面污染源，主要来自地表径流及陆地河流的输送。

8.3.3 均匀性

在潮汐的作用下，PHC 在水体中不断地被摇晃、搅动。于是，在胶州湾西南沿岸水域，4 月，PHC 含量变化区间长度为 0.02mg/L；7 月，PHC 含量变化区间长度为 0.03mg/L；10 月，PHC 含量变化区间长度为 0.01mg/L。因此，在一年中，PHC 含量变化区间长度为 0.01～0.03mg/L，PHC 在水体中的分布是均匀的，揭示了在海洋中的潮汐、海流的作用下，海洋中 PHC 含量具有均匀性的特征。正如杨东方指出：海洋的潮汐、海流对海洋中所有物质都进行搅动、输送，使海洋中所有物质的含量在海洋的水体中都是非常均匀地分布[6]。因此，PHC 含量在水体中低于 0.07mg/L，就展示了物质在海洋中的均匀分布特征。

8.4 结　论

在胶州湾西南沿岸水域，PHC 含量符合国家二、三类海水水质标准；在胶州湾东部和北部沿岸水域，PHC 含量符合国家三类海水水质标准。表明胶州湾西南沿岸水域、胶州湾东部和北部沿岸水域都受到了 PHC 的轻度污染。在胶州湾西南沿岸水域，随着时间变化，从 4 月到 7 月再到 10 月，PHC 含量不断地降低。

胶州湾水域的 PHC 有两个来源。一个是近岸水域，来自地表径流的输入，其输入的 PHC 的含量为 0.03～0.07mg/L；另一个是河流的入海口水域，来自陆地河流的输入，其输入的 PHC 的含量为 0.05～0.10mg/L。

在胶州湾西南沿岸水域，PHC 含量全年低于 0.07mg/L，PHC 含量变化区间长度为 0.01～0.03mg/L。这样，PHC 在水体中的分布是均匀的，展示了物质在海洋中的均匀分布特征。

参 考 文 献

[1] 郭敏智, 王乃和. 海底管道溢油防控措施[J]. 油气储运, 2008, 27(7): 34-37.

[2] Yang D F, Zhang Y C, Zou J, et al. Contents and distribution of petroleum hydrocarbons (PHC) in Jiaozhou Bay waters[J]. Open Journal of Marine Science, 2011, 1(3): 108-112.

[3] 杨东方, 孙培艳, 陈晨, 等. 胶州湾水域石油烃的分布及污染源[J]. 海岸工程, 2013, 32(1): 60-72.

[4] Yang D F, Gao Z H, Sun P Y, et al. Silicon limitation on primary production and its destiny in Jiaozhou Bay, China [J]. Chinese Journal of Oceanology and Limnology, 2005, 24(2): 169-175.

[5] 国家海洋局. 海洋监测规范[M]. 北京: 海洋出版社, 1991.

[6] 杨东方, 丁咨汝, 郑琳, 等. 胶州湾水域有机农药 HCH 的分布及均匀性[J]. 海岸工程, 2011, 30(2): 66-74.

第9章 胶州湾水域石油的分布及低值性

近年来，我国开始在海洋的近岸建立了许多石油化工厂和油船码头，同时，在海洋中有许多海洋石油平台、海上输油管道，而且有许多有关石油的交通运输，给海洋环境造成了严重的污染。因此，了解近海的石油(PHC)污染程度和污染源，可以为保护海洋环境、维持生态可持续发展提供重要帮助。在胶州湾水域，对 PHC 的含量、分布及其污染现状和发展趋势都进行过研究[1-6]。本章通过 1983 年胶州湾 PHC 的调查资料，探讨在胶州湾海域，PHC 的来源、分布以及变化过程，研究胶州湾水域 PHC 的含量、分布特征和季节变化，为 PHC 污染环境的治理和修复提供理论依据。

9.1 背 景

9.1.1 胶州湾自然环境

胶州湾地理位置为 $120°04'\sim120°23'E$，$35°58'\sim36°18'N$，在山东半岛南部，面积约为 $446km^2$，平均水深约为 7m，是一个典型的半封闭型海湾。胶州湾入海的河流有大沽河和洋河，其径流量和含沙量均较大，河水水文特征有明显的季节性变化[7]。还有海泊河、李村河、娄山河等小河流入胶州湾。

9.1.2 材料与方法

本书所使用的 1983 年 5 月、9 月和 10 月胶州湾水体 PHC 的调查资料由国家海洋局北海环境监测中心提供。在胶州湾水域设 9 个站位取水样：H34、H35、H36、H37、H38、H39、H40、H41、H82(图 9-1)。分别于 1983 年 5 月、9 月和 10 月 3 次进行取样，根据水深取水样(大于 10m 时取表层和底层，小于 10m 时只取表层)，进行调查采样。按照国家标准方法进行胶州湾水体 PHC 的调查，该方法被收录在国家的《海洋监测规范》中[8]。

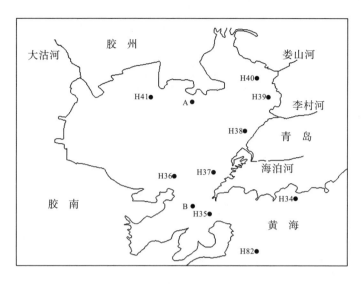

图 9-1　胶州湾调查站位

9.2　石油的含量及分布

9.2.1　含量

5 月、9 月和 10 月，胶州湾北部沿岸水域 PHC 含量较高，南部湾口水域 PHC 含量较低。5 月、9 月和 10 月，PHC 在胶州湾水体中的含量为 0.03~0.12mg/L，都没有超过国家三类海水水质标准(0.30mg/L)。表明在 5 月、9 月和 10 月胶州湾表层水质在整个水域符合国家二类(0.05mg/L)、三类(0.30mg/L)海水水质标准(表 9-1)。

表 9-1　1983 年 5 月、9 月和 10 月胶州湾表层水质

项目	5 月	9 月	10 月
海水中 PHC 含量/(mg/L)	0.04~0.12	0.03~0.08	0.04~0.12
国家海水水质标准	二、三类海水	二、三类海水	二、三类海水

9.2.2　水平分布

5 月、9 月和 10 月，在胶州湾水域，水体中表层 PHC 的水平分布状况是其含量由北部的近岸向南部的湾口方向递减。5 月，在胶州湾东北部，在娄山河入海口水域的 H40 站位，PHC 的含量最高，为 0.12mg/L；在胶州湾西北部沿岸水域的

H41 站位，PHC 的含量较高，为 0.11mg/L(图 9-2)。表层 PHC 含量的等值线(图 9-2)几乎平行于北部的海岸线，并且形成了一系列不同梯度的平行线。PHC 含量从北部近岸水域的 0.12mg/L 降低到南部湾口水域的 0.04mg/L(图 9-2)。9 月，在胶州湾东北部，在娄山河入海口水域的 H40 站位，PHC 的含量较高，为 0.07mg/L。在东北部沿岸水域，PHC 含量相对较高，为 0.07mg/L，以东北部沿岸水域为中心形成了 PHC 的高含量区，形成了一系列不同梯度的半个同心圆。PHC 从中心的高含量(0.07mg/L)向湾中心水域沿梯度递减到 0.05mg/L(图 9-3)；在西南沿岸水域的 H36 站位，PHC 含量相对较高，为 0.08mg/L，以 H36 站位为中心形成了 PHC 的高含量区，形成了一系列不同梯度的半个同心圆。PHC 从中心的高含量(0.08mg/L)向湾中心水域沿梯度递减到 0.05mg/L(图 9-3)；在湾口有一个低值区域，形成了一系列不同梯度的低值中心，由外部到中心降低，外部的 PHC 含量为 0.08mg/L，中心的 PHC 含量为 0.03mg/L(图 9-3)。

10 月，在胶州湾东北部，在娄山河和李村河的入海口之间近岸水域的 H39 站位，PHC 的含量较高，为 0.12mg/L，以东北部近岸水域为中心形成了 PHC 的高含量区，形成了一系列不同梯度的半个同心圆。PHC 从中心的高含量(0.12mg/L)沿梯度递减到湾口水域的 0.04mg/L，甚至到了湾外水域的 0.04mg/L(图 9-4)。

图 9-2　5 月表层 PHC 的分布(mg/L)

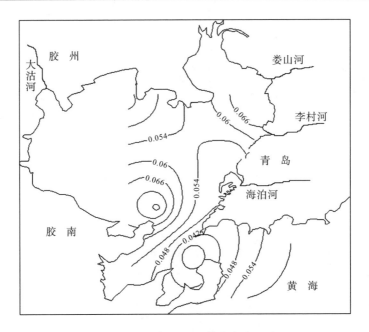

图 9-3　9 月表层 PHC 的分布(mg/L)

图 9-4　10 月表层 PHC 的分布(mg/L)

9.2.3 季节变化

5月，胶州湾水域PHC含量为0.04～0.12mg/L，符合国家二类(0.05mg/L)、三类(0.30mg/L)海水水质标准。9月，胶州湾水域PHC含量为0.03～0.08mg/L，都符合国家二、三类海水水质标准。10月，胶州湾水域PHC含量为0.04～0.12mg/L，都符合国家二、三类海水水质标准。对此，PHC含量的季节变化都保持在国家二、三类海水水质标准，形成了在春、夏、秋季二、三类海水的小范围变化。

9.3 石油的低值性

9.3.1 水质

在PHC含量方面，5月，胶州湾东北部和西北部水域都受到了PHC的轻度污染。9月，胶州湾西南沿岸水域和胶州湾东北部沿岸水域受到了PHC的轻度污染。而且，胶州湾西南沿岸水域比胶州湾东北部沿岸水域在PHC的污染程度方面相对要重一些。10月，胶州湾东北部沿岸水域受到PHC的轻度污染。表明在时间上，在胶州湾水域，5月、9月和10月，PHC含量一直保持不变；在空间上，5月、9月和10月，PHC含量在胶州湾北部沿岸水域比较高，在南部湾口水域比较低。

5月、9月和10月，胶州湾水域PHC含量为0.03～0.12mg/L，都符合国家二、三类海水水质标准。胶州湾整体水域PHC含量都达到了国家二、三类海水质标准。表明胶州湾水域从春季到秋季均受到PHC的轻度污染。

9.3.2 来源

5月，在胶州湾水域，水体中表层PHC含量的等值线(图9-2)几乎平行于北部的海岸线，并且形成了一系列不同梯度的平行线，表层PHC的含量由北部的近岸向南部的湾口方向递减。可见，陆地上残留的PHC通过地表径流方式汇入近岸水域。而且，PHC的含量达到最高(0.12mg/L)，残留的PHC已经达到了轻度污染水平，并且给胶州湾带来了轻度污染。

9月，在胶州湾东北部，娄山河的入海口水域，PHC含量相对较高，为0.07mg/L，以东北部沿岸水域为中心形成了PHC的高含量区，从中心的高含量(0.07mg/L)向湾中心水域沿梯度递减到0.05mg/L。表明在胶州湾水域，PHC的来源是陆地河流的输送。在西南沿岸水域，PHC 含量相对较高，为 0.08mg/L，从中心的高含量(0.08mg/L)向湾中心水域沿梯度递减到 0.05mg/L。表明在胶州湾水域，PHC 的来源是地表径流的输送。

10 月，在胶州湾东北部，在娄山河和李村河的入海口之间的近岸水域，PHC 的含量最高，为 0.12mg/L。在胶州湾水体中，沿着娄山河的河流方向，PHC 的含量在不断地降低，降低到湾口的 0.04mg/L，甚至到了湾外水域的 0.04mg/L。表明在胶州湾水域，PHC 的来源是陆地河流的输送。

因此，胶州湾水域 PHC 的污染源主要来自地表径流及陆地河流的输送。表明 PHC 的污染源不仅是点污染源，而且是面污染源。胶州湾的沿岸陆地和河流都已经受到了 PHC 的轻度污染，并且给胶州湾带来了轻度污染。

9.3.3　均匀性

在潮汐的作用下，PHC 在水体中不断地被摇晃、搅动。于是，在胶州湾水域，5 月，PHC 含量的变化区间长度为 0.08mg/L；9 月，PHC 含量的变化区间长度为 0.05mg/L；10 月，PHC 含量的变化区间长度为 0.08mg/L。在胶州湾的水域中(图 9-1)，5 月，从 A 点到 B 点，PHC 含量从北部近岸水域的 0.12mg/L 降低到南部湾口水域的 0.04mg/L，充分展示了在整个胶州湾的水体中，PHC 含量的变化过程。因此，在一年中，PHC 含量的变化区间长度为 0.05～0.08mg/L，PHC 在水体中分布是均匀的。揭示了在海洋潮汐、海流的作用下，海洋中 PHC 具有均匀性的特征。正如杨东方指出：海洋的潮汐、海流对海洋中所有物质进行搅动、输送，使海洋中所有物质的含量在海洋的水体中都是非常均匀地分布[9]。因此，PHC 含量在水体中低于 0.12mg/L，就展示了物质在海洋中的均匀分布特征。

9.3.4　低值区

在海湾水交换研究方法中，不仅要在保守性物质情况下，确定海湾水交换时间，而且要在非保守性物质情况下，确定海湾水交换时间的范围[10]。在海湾，这些物质从湾底到湾中心，到湾口，经过了对流输运和稀释扩散等物理过程，经过湾口与外海水交换，物质的浓度不断地降低，展示了海湾水交换的能力。

9 月，PHC 含量在湾口有一个低值区域，形成了一系列不同梯度的低值中心，由外部的 0.08mg/L 沿梯度降低到中心的 0.03mg/L(图 9-3)。同样的，在 1983 年 5 月和在 1985 年 10 月，在湾口表层和底层都形成了一个 Hg 含量的低值区域[11]。表明在胶州湾的湾口水域，海流在经过湾口时流速很快，导致经过湾口的物质浓度降低，呈现了物质的低值区域，揭示了水流的低值性。

9.4 结　　论

在胶州湾水域，5月、9月和10月，PHC含量符合国家二、三类海水水质标准，胶州湾水域都受到了PHC的轻度污染。在胶州湾水域PHC有两个来源。一个是近岸水域，来自地表径流的输入，其输入的PHC的含量为0.04～0.12mg/L；另一个是河流的入海口水域，来自陆地河流的输入，其输入的PHC的含量为0.03～0.08mg/L。表明PHC的污染源不仅是点污染源，而且是面污染源。胶州湾的沿岸陆地和河流都已经受到了PHC的轻度污染，并且给胶州湾带来了轻度污染。

在胶州湾水域，在一年中，PHC含量在水体中低于0.12mg/L，PHC含量的变化范围为0.05～0.08mg/L，则PHC在水体中分布是均匀的，展示了物质在海洋中的均匀分布特征。另外，PHC含量在湾口有一个低值区域，揭示了在胶州湾的湾口水域，水流的低值性。

参 考 文 献

[1] Yang D F, Zhang Y C, Zou J, et al. Contents and distribution of petroleum hydrocarbons（PHC）in Jiaozhou Bay waters[J]. Open Journal of Marine Science, 2011, 1（3）: 108-112.

[2] 杨东方, 孙培艳, 陈晨, 等. 胶州湾水域石油烃的分布及污染源[J]. 海岸工程, 2013, 32（1）: 60-72.

[3] Yang D F, Sun P Y, Ju L, et al. Distribution and changing of petroleum hydrocarbon in Jiaozhou Bay waters [J]. Applied Mechanics Materials，2014, 644-650: 5312-5315.

[4] Yang D F, Sun P Y, Lian J, et al. Input features of petroleum hydrocarbon in Jiaozhou Bay [C]. Proceedings of the 2015 International Symposium on Computers and Informatics, 2015: 2647-2654.

[5] Yang D F, Wang F Y, Zhu S X, et al. Distribution and homogeneity of petroleum hydrocarbon in Jiaozhou Bay[C]. Proceedings of the 2015 International Symposium on Computers and Informatics, F, 2015.

[6] Yang D F, Wu Y F, He H Z, et al. Vertical distribution of petroleum hydrocarbon in Jiaozhou Bay[C]. Proceedings of the International Symposium on Computers & Informatics, F, 2015.

[7] Yang D F, Gao Z H, Sun P Y, et al. Silicon limitation on primary production and its destiny in Jiaozhou Bay, China [J]. Chinese Journal of Oceanology and Limnology, 2005, 24（2）: 169-175.

[8] 国家海洋局. 海洋监测规范[M]. 北京: 海洋出版社, 1991.

[9] 杨东方, 丁咨汝, 郑琳, 等. 胶州湾水域有机农药HCH的分布及均匀性[J]. 海岸工程, 2011, 30（2）: 66-74.

[10] 杨东方, 苗振清, 徐焕志, 等. 胶州湾海水交换的时间[J]. 海洋环境科学, 2013, 32（3）: 373-380.

[11] Yang D F, Zhu S X，Wang F Y, et al. Influence of ocean current on Hg content in the bay mouth of Jiaozhou Bay[J]. 2014 IEEE Workshop on Advanced Research and Technology Industry Applications, 2014（Part D）:1012-1014.

第 10 章　胶州湾水域石油含量的年份变化

自从 1979 年，我国开始改革开放，工农业迅速发展，许多含有石油(PHC)的产品也不断地涌现，在制造和运输产品的过程中，产生了大量含 PHC 的废水，随着河流的挟带，PHC 向大海迁移[1-6]，不仅严重威胁人类健康，还会污染海洋环境。因此，研究近海的 PHC 污染程度和水质状况[1-6]，可以为保护海洋环境、维持生态可持续发展提供重要帮助。本章根据 1979~1983 年胶州湾的调查资料，研究在这 5 年期间 PHC 在胶州湾海域的含量变化，为治理 PHC 污染的环境提供理论依据。

10.1　背　　景

10.1.1　胶州湾自然环境

胶州湾位于山东半岛南部，地理位置为 120°04′~120°23′E，35°58′~36°18′N，以团岛与薛家岛连线为界，与黄海相通，面积约为 446km²，平均水深约为 7m，是一个典型的半封闭型海湾(图 10-1)。胶州湾入海的河流有十几条，其中径

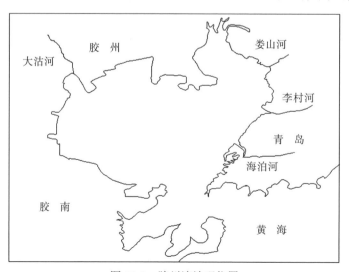

图 10-1　胶州湾地理位置

流量和含沙量较大的为大沽河和洋河，青岛市区的海泊河、李村河和娄山河等河流均属季节性河流，河水水文特征有明显的季节性变化[7,8]。

10.1.2 数据来源与方法

本书所使用的调查数据由国家海洋局北海环境监测中心提供。按照国家标准方法进行胶州湾水体 PHC 的调查，该方法被收录在国家的《海洋监测规范》中[9]。

在 1979 年 5 月和 8 月，1980 年 6 月、7 月、9 月和 10 月，1981 年 4 月、8 月和 11 月，1982 年 4 月、6 月、7 月和 10 月，1983 年 5 月、9 月和 10 月，进行胶州湾水体 PHC 的调查。其站位如图 10-2～图 10-6 所示。

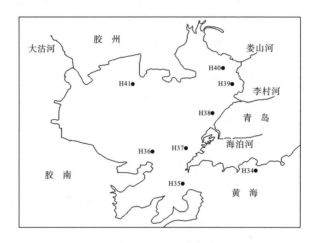

图 10-2　1979 年的胶州湾调查站位

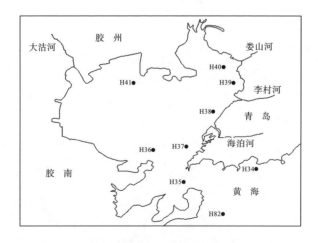

图 10-3　1980 年的胶州湾调查站位

(a) A～D 点调查站位

(b) H 点调查站位

图 10-4　1981 年的胶州湾调查站位

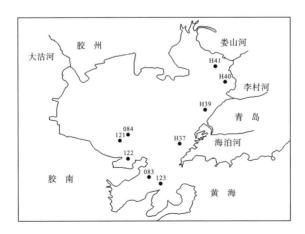

图 10-5　1982 年的胶州湾调查站位

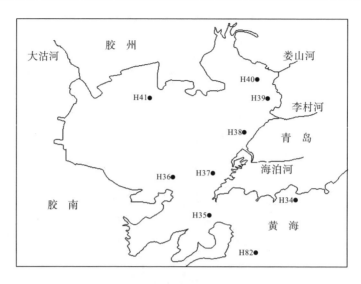

图 10-6　1983 年的胶州湾调查站位

10.2　石油的含量及变化

10.2.1　含量

在 1979 年、1980 年、1981 年、1982 年、1983 年，对胶州湾水体中的 PHC 进行调查，其含量的变化范围见表 10-1。

1. 1979 年

5 月，在胶州湾水体中，PHC 的含量为 0.08～0.32mg/L，整个水域超过了国家一、二类海水水质标准(0.05mg/L)。除了 H38 站位，整个水域都符合国家三类海水水质标准(0.30mg/L)。H38 站位的 PHC 含量特别高，达到 0.32mg/L，超过了国家三类海水水质标准(0.30mg/L)，符合国家四类海水水质标准(0.50mg/L)。

8 月，水体中 PHC 的含量明显升高，达到 0.10～1.10mg/L，整个水域都超过了国家一类海水水质标准(0.05mg/L)，除了 H39 站位，整个水域都符合国家三类海水水质标准(0.30mg/L)。H39 站位的 PHC 含量特别高，达到 1.10mg/L，超过了国家四类海水水质标准(0.50mg/L)(表 10-1)。

2. 1980 年

6 月，在胶州湾水体中，PHC 的含量为 0.019～0.141mg/L。只有湾外的 H34 和 H82 站位的水域，PHC 的含量为 0.019mg/L，达到了国家一、二类海水水质标准(0.05mg/L)。而在湾内的水域，PHC 的含量超过了 0.10mg/L，整个水域都达到了国家三类海水水质标准(0.30mg/L)。

7 月，在胶州湾水体中，PHC 的含量为 0.018～0.076mg/L。在湾内的近岸水域，即海泊河、李村河、娄山河和大沽河的入海口以及它们之间的近岸水域，PHC 的含量高于 0.05mg/L，且都低于 0.10mg/L，整个水域都达到了国家三类海水水质标准(0.30mg/L)。而在湾外、湾口和湾中心的水域，PHC 的含量低于 0.05mg/L，整个水域都达到了国家一、二类海水水质标准(0.05mg/L)。

9 月，在胶州湾水体中，PHC 的含量为 0.046～0.09mg/L。除了 H36 和 H38 站位，其余水域都达到了国家三类海水水质标准(0.30mg/L)。湾内的 H36 和 H38 站位的水域，PHC 的含量为 0.046mg/L，符合国家一、二类海水水质标准(0.05mg/L)。

10 月，在胶州湾水体中，PHC 的含量为 0.012～0.155mg/L。大部分水域中 PHC 的含量明显降低，符合国家一、二类海水水质标准(0.05mg/L)。小部分水域中 PHC 的含量明显升高，达到了国家三类海水水质标准(0.30mg/L)。这小部分水域是海泊河、李村河和娄山河的入海口水域及它们之间的近岸水域，其中 PHC 含量较高的是海泊河的入海口水域(0.152mg/L)、李村河的入海口水域(0.098mg/L)及娄山河的入海口水域(0.155mg/L)(表 10-1)。

3. 1981 年

4 月，在胶州湾水体中，PHC 的含量为 0.021～0.861mg/L。只有在湾口、湾外和湾内北部的水域，PHC 的含量为 0.021～0.049mg/L，符合国家一、二类海水水质标准(0.05mg/L)。在湾内的水域，除了湾内北部，整个湾内水域 PHC 的含量都超过了 0.05mg/L，整个水域都达到了国家三类海水水质标准(0.30mg/L)。在河流输入的东部近岸水域，PHC 的含量都超过了 0.5mg/L，整个水域都超过了国家四类海水水质标准(0.50mg/L)。

8 月，在胶州湾水体中，PHC 的含量为 0.011～0.889mg/L。在湾内的北部、湾口和湾外的水域，PHC 的含量为 0.011～0.049mg/L，达到了国家一、二类海水水质标准(0.05mg/L)。而在海湾内的其他水域，超过了国家二类海水水质标准。在东部的近岸水域，PHC 的含量都高于 0.10mg/L。其中在海泊河、李村河的入海口水域，PHC 的含量都超过了国家四类海水水质标准(0.50mg/L)。

11 月，在胶州湾水体中，PHC 的含量为 0.018～0.176mg/L。整个胶州湾水域都达到了国家二、三类海水水质标准(0.30mg/L)。在湾外和湾内西北部的水域，PHC 的含量低于 0.05mg/L，整个水域都达到了国家一、二类海水水质标准(0.05mg/L)。而在其他水域，尤其是在海泊河、李村河和娄山河的入海口水域及它们之间的近岸水域，PHC 的含量达到了国家三类海水水质标准(0.30mg/L)(表 10-1)。

4. 1982 年

4 月、7 月和 10 月，胶州湾西南沿岸水域 PHC 的含量为 0.03～0.07mg/L。4
月，胶州湾西南沿岸水域 PHC 的含量为 0.05～0.07mg/L，符合国家三类海水水质
标准(0.30mg/L)。7 月，胶州湾西南沿岸水域 PHC 的含量为 0.04～0.07mg/L，符
合国家二、三类海水水质标准(0.30mg/L)。10 月，胶州湾西南沿岸水域 PHC 含
量为 0.03～0.04mg/L，符合国家一、二类海水水质标准(0.05mg/L)。

6 月，胶州湾东部和北部沿岸水域 PHC 的含量为 0.05～0.10mg/L，符合国家
三类海水水质标准(0.30mg/L)。

4 月、6 月、7 月和 10 月，PHC 在胶州湾水体中的含量范围为 0.03～0.10mg/L，
都没有超过国家三类海水水质标准。表明在 4 月、6 月、7 月和 10 月胶州湾表层
水质，在整个水域符合国家二、三类海水水质标准(0.30mg/L)(表 10-1)。

5. 1983 年

5 月，在胶州湾水体中，PHC 的含量为 0.04～0.12mg/L。只有在湾外南部的
水域，PHC 的含量为 0.04mg/L，符合国家一、二类海水水质标准(0.05mg/L)。除
了湾外南部的水域，整个胶州湾水域 PHC 的含量都为 0.05～0.12mg/L，符合国家
三类海水水质标准(0.30mg/L)。

9 月，在胶州湾水体中，PHC 的含量为 0.03～0.08mg/L。只有在湾口和湾内
北部的水域，PHC 的含量为 0.03～0.04mg/L，符合国家一、二类海水水质标准
(0.05mg/L)。除了湾口和湾内北部的水域，整个胶州湾水域 PHC 的含量为 0.05～
0.08mg/L，都符合国家三类海水水质标准(0.30mg/L)。

10 月，在胶州湾水体中，PHC 的含量为 0.04～0.12mg/L。只有在湾口和湾外
北部的水域，PHC 的含量为 0.04mg/L，符合国家一、二类海水水质标准(0.05mg/L)。
除了湾口和湾外北部的水域，整个胶州湾水域 PHC 的含量为 0.05～0.12mg/L，都
符合国家三类海水水质标准(0.30mg/L)。

1983 年 5 月、9 月和 10 月，胶州湾北部沿岸水域 PHC 含量较高，南部湾口
水域 PHC 含量较低。

5 月、9 月和 10 月，PHC 在胶州湾水体中的含量范围为 0.03～0.12mg/L，都
没有超过国家三类海水水质标准(0.30mg/L)。表明在 5 月、9 月和 10 月胶州湾表
层水质，在整个水域符合国家二、三类海水水质标准(0.30mg/L)(表 10-1)。

表 10-1 4～11 月 PHC 在胶州湾水体中的含量   (单位：mg/L)

年份	4 月	5 月	6 月	7 月	8 月	9 月	10 月	11 月
1979		0.08～0.32			0.10～1.10			

续表

年份	4 月	5 月	6 月	7 月	8 月	9 月	10 月	11 月
1980			0.019~0.141	0.018~0.076		0.046~0.09	0.012~0.155	
1981	0.021~0.861				0.011~0.889			0.018~0.176
1982	0.05~0.07		0.05~0.10	0.04~0.07			0.03~0.04	
1983		0.04~0.12				0.03~0.08	0.04~0.12	

10.2.2　变化趋势

　　1981~1982 年，4 月 PHC 在胶州湾水体中的含量大幅度地降低。1979~1983 年，5 月 PHC 在胶州湾水体中的含量降低。1980~1982 年，6 月 PHC 在胶州湾水体中的含量稍有降低。1980~1982 年，7 月 PHC 在胶州湾水体中的含量稍有降低。1979~1981 年，8 月 PHC 在胶州湾水体中的含量降低。1980~1983 年，9 月 PHC 在胶州湾水体中的含量也降低。1980~1983 年，10 月 PHC 在胶州湾水体中的含量也降低。因此，在 1979~1983 年期间，在胶州湾水体中，每个月份 PHC 的含量都降低。其中，只有 4 月的 PHC 含量大幅度地降低，而在其他的月份 PHC 含量降低的幅度很小，尤其是在 6 月和 7 月 PHC 含量降低的幅度非常小。

10.2.3　季节变化

　　以每年 4、5、6 月代表春季；7、8、9 月代表夏季；10、11、12 月代表秋季。在 1979 年和 1981 年期间，PHC 在胶州湾水体中的含量在春季较高（0.019~0.861mg/L），PHC 在胶州湾水体中的含量在夏季更高（0.011~1.10mg/L），PHC 在胶州湾水体中的含量在秋季较低（0.012~0.155mg/L）。而在 1980 年期间，在胶州湾水体中 PHC 含量在春季相对较高，夏季含量较低，而秋季很高。在 1982 年期间，PHC 含量都非常低，在胶州湾水体中 PHC 含量在春季相对较高，夏季含量较低，秋季很低。在 1983 年期间，PHC 含量都非常低，在胶州湾水体中 PHC 含量在春季和秋季相对较高，夏季含量较低。

10.3　石油的年份变化

10.3.1　水质

　　以每年 4、5、6 月代表春季；7、8、9 月代表夏季；10、11、12 月代表秋季。在 1979~1983 年期间，基于水体中 PHC 的含量，在春季，海水水质从一、二、

三、四类和超四类降低到一、二和三类；在夏季，海水水质从一、二、三、四类和超四类降低到一、二和三类；在秋季，海水水质一直维持在一、二和三类。表明 PHC 在春季、夏季的输入量非常大，而在秋季的输入量却非常小（表 10-2）。因此，在 1979～1983 年期间，在早期的春季、夏季胶州湾受到 PHC 的重度污染，而到了晚期，春季、夏季胶州湾受到 PHC 的轻度污染；在秋季，1979～1983 年，胶州湾一直保持着受到 PHC 的轻度污染，而没有受到 PHC 的中度污染和重度污染。

表 10-2 春季、夏季、秋季胶州湾表层的水质

年份	春季	夏季	秋季
1979	一、二、三、四类	一、二、三、四类和超四类	
1980	一、二、三类	一、二、三类	一、二、三类
1981	一、二、三、四类和超四类	一、二、三、四类和超四类	一、二、三类
1982	一、二、三类	一、二、三类	一、二类
1983	一、二、三类	一、二、三类	一、二、三类

10.3.2 年际变化

在 1979～1983 年期间，在胶州湾水体中 PHC 的含量逐年在振荡中降低，而且，含量降低的幅度在春季、夏季较大，而在秋季含量降低的幅度很小，几乎没有变化（图 10-7）。另外，含量越高，相应的月份降低幅度越大，如 1979 年 8 月 PHC 的含量为 0.10～1.10mg/L，1981 年 8 月 PHC 的含量为 0.011～0.889mg/L，这样，从 1979 年 8 月到 1981 年 8 月 PHC 的含量大幅降低；又如 1981 年 4 月 PHC 的含量为 0.021～0.861mg/L，1982 年 4 月 PHC 的含量为 0.05～0.07mg/L，这样，

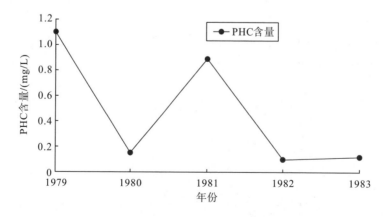

图 10-7 胶州湾水体中 PHC 最高含量的变化

从 1981 年 4 月到 1982 年 4 月 PHC 的含量大幅降低。同样，含量越低，相应的月份降低幅度越小，如 1980 年 10 月 PHC 的含量为 0.012~0.155mg/L，1983 年 10 月 PHC 的含量为 0.04~0.12mg/L，这样，从 1980 年 10 月到 1983 年 10 月 PHC 的含量稍有降低。

10.4　结　　论

在 1979~1983 年期间，在早期的春季、夏季胶州湾受到 PHC 的重度污染，而到了晚期，春季、夏季胶州湾受到 PHC 的轻度污染；在秋季，1979~1983 年，胶州湾一直保持着受到 PHC 的轻度污染，而没有受到 PHC 的中度污染和重度污染。表明 PHC 在春季、夏季的输入量非常大，而在秋季的输入量却非常小。1979~1981 年，在胶州湾表层水体中 PHC 的含量符合国家一、二、三、四类和超四类海水水质。然而，1982~1983 年，在胶州湾表层水体中 PHC 的含量符合国家一、二、三类海水水质标准。因此，1979~1983 年，胶州湾受到 PHC 的污染在减少，水质在变好。

在 1979~1983 年期间，在胶州湾水体中 PHC 的含量逐年在振荡中降低。含量降低的幅度在春季、夏季比较大，而在秋季含量降低的幅度很小，几乎没有变化。而且，含量越高，相应的月份降低的幅度越大，含量越低，相应的月份降低的幅度越小，因此，向胶州湾排放的 PHC 在减少，使得胶州湾水域的 PHC 含量逐渐接近背景值。

随着我国对环境的改善，水体中 PHC 的含量在迅速地降低，尤其是在夏季和春季，PHC 的含量大幅度地降低。因此，在水体环境 PHC 污染的治理中取得了显著的成效。

参 考 文 献

[1] Yang D F, Zhang Y C, Zou J, et al. Contents and distribution of petroleum hydrocarbons (PHC) in Jiaozhou Bay waters [J]. Open Journal of Marine Science, 2011, 1 (3): 108-112.

[2] 杨东方, 孙培艳, 陈晨, 等. 胶州湾水域石油烃的分布及污染源[J]. 海岸工程, 2013, 32 (1): 60-72.

[3] Yang D F, Sun P Y, Ju L, et al. Distribution and changing of petroleum hydrocarbon in Jiaozhou Bay waters [J]. Applied Mechanics, 2014, 644-650: 5312-5315.

[4] Yang D F, Sun P Y, Lian J, et al. Input features of petroleum hydrocarbon in Jiaozhou Bay[C]. Proceedings of the 2015 International Symposium on Computers and Informatics, F, 2015.

[5] Yang D F, Wang F Y, Zhu S X, et al. Distribution and homogeneity of petroleum hydrocarbon in Jiaozhou Bay[C]. Proceedings of the 2015 International Symposium on Computers and Informatics, F, 2015.

[6] Yang D F, Wu Y G, He H Z, et al. Vertical distribution of petroleum hydrocarbon in Jiaozhou Bay[C]. Proceedings of the International Symposium on Computers & Informatics, F, 2015.

[7] 杨东方, 王凡, 高振会, 等. 胶州湾浮游藻类生态现象[J]. 海洋科学, 2004, 28(006): 71-74.

[8] Yang D F, Gao Z H, Sun P Y, et al. Silicon limitation on primary production and its destiny in Jiaozhou Bay, China [J]. Chinese Journal of Oceanology and Limnology, 2005, 24(2): 169-175.

[9] 国家海洋局. 海洋监测规范[M]. 北京: 海洋出版社，1991.

第 11 章 胶州湾水域石油污染源变化过程

随着经济的高速发展，石油(PHC)对环境的影响日益增大。PHC 被广泛应用到工业、农业和交通行业，而且日常生活用品中 PHC 也得到了重要应用。因此，人类的活动带来了大量含 PHC 的废水、废气和废渣，经过河流的输送，向大海迁移[1-6]，对环境造成了严重的污染。本章根据 1979～1983 年胶州湾的调查资料，研究在这 5 年期间 PHC 在胶州湾水域的水平分布和污染源变化，为治理 PHC 污染提供理论依据。

11.1 背 景

11.1.1 胶州湾自然环境

胶州湾位于山东半岛南部，地理位置为 $120°04'\sim120°23'E$, $35°58'\sim36°18'N$，以团岛与薛家岛连线为界，与黄海相通，面积约为 $446km^2$，平均水深约为 $7m$，是一个典型的半封闭型海湾(图 11-1)。胶州湾入海的河流有十几条，其中径

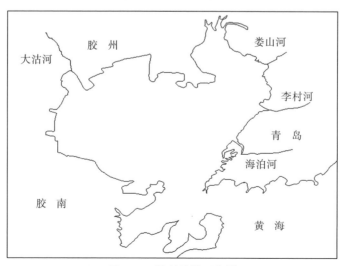

图 11-1 胶州湾地理位置

流量和含沙量较大的为大沽河和洋河，青岛市区的海泊河、李村河和娄山河等河流均属季节性河流，河水水文特征有明显的季节性变化[7,8]。

11.1.2　数据来源与方法

本书所使用的调查数据由国家海洋局北海环境监测中心提供。按照国家标准方法进行胶州湾水体 PHC 的调查，该方法被收录在国家的《海洋监测规范》中[9]。

在 1979 年 5 月和 8 月，1980 年 6 月、7 月、9 月和 10 月，1981 年 4 月、8 月和 11 月，1982 年 4 月、6 月、7 月和 10 月，1983 年 5 月、9 月和 10 月，进行胶州湾水体 PHC 的调查[1-6]。

11.2　石油的水平分布

11.2.1　1979 年 5 月和 8 月水平分布

1979 年 5 月，表层 PHC 的分布展示了在海泊河和李村河这两个河流入海口的中间近岸水域，形成了 PHC 的高含量区，PHC 的含量高于 0.30mg/L，明显高于西南水域：湾中心、湾口和湾外。1979 年 8 月，表层 PHC 的分布展示了在李村河和娄山河这两个河流入海口中间的近岸水域，形成了 PHC 的高含量区（1.10mg/L），从湾的东北部沿岸水域向湾中心水域，PHC 含量由高（1.10mg/L）变低（0.10mg/L）。表明沿着海泊河、李村河和娄山河的河流方向，在胶州湾水体中 PHC 含量递减（图 11-2）。

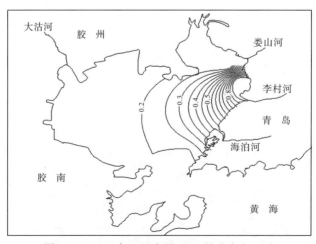

图 11-2　1979 年 8 月表层 PHC 的分布（mg/L）

11.2.2　1980 年 7 月和 10 月水平分布

1980 年 7 月，表层 PHC 含量的等值线(图 11-3)展示了湾的东部、东北部有相邻的海泊河、李村河和娄山河，以及湾的北部有相邻的娄山河和大沽河，在这 4 个河流的入海口之间的近岸水域，形成了 PHC 的高含量区(0.076mg/L)，并且 PHC 含量沿梯度降低。在湾口的 H35 站位，有一个低含量区域(0.018mg/L)。

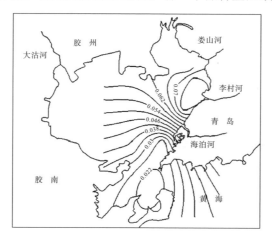

图 11-3　1980 年 7 月表层 PHC 的分布(mg/L)

1980 年 10 月，在海泊河、李村河和娄山河的入海口水域及它们之间的近岸水域，形成了 PHC 的高含量区(0.098～0.155mg/L)(图 11-4)。这样，沿着海泊河、李村河和娄山河的河流方向，在胶州湾水体中 PHC 含量沿梯度降低，一直降到低于 0.05mg/L。

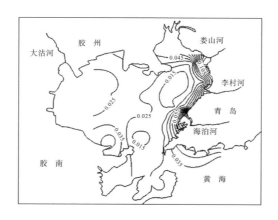

图 11-4　1980 年 10 月表层 PHC 的分布(mg/L)

11.2.3　1981 年 8 月和 11 月水平分布

1981 年 8 月，在海泊河和李村河的入海口水域及它们之间的近岸水域，形成了 PHC 的高含量区（0.373～0.889mg/L）。PHC 含量由近岸水域到湾中心沿梯度降低（图 11-5）。这样，沿着海泊河和李村河的河流方向，在胶州湾水体中 PHC 含量沿梯度降低，一直降到低于 0.100mg/L。到湾中心，甚至降到低于 0.050mg/L。同样，在大沽河的入海口水域（0.491mg/L），沿着大沽河的河流方向，在胶州湾水体中 PHC 含量沿梯度降低，一直降到低于 0.100mg/L。到湾中心，甚至降到低于 0.050mg/L。

1981 年 11 月，在海泊河、李村河和娄山河的入海口水域及它们之间的近岸水域，形成了 PHC 的高含量区（0.079～0.176mg/L）。PHC 的含量由东北向西南方向递减，从湾东北部的 0.176mg/L 降低到湾口的 0.056mg/L，一直降低到湾西北的 0.018mg/L。由于湾的东北部 PHC 含量较高，整个胶州湾水域都受到影响，PHC 含量较高。

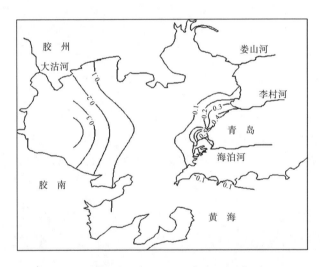

图 11-5　1981 年 8 月表层 PHC 的分布（mg/L）

11.2.4　1982 年 6 月水平分布

1982 年 6 月，在胶州湾水域，在娄山河的入海口水域，PHC 的含量最高，为 0.10mg/L，展示了 PHC 含量沿梯度下降，PHC 含量从湾底东北部的 0.10mg/L 降低到湾西南湾口的 0.05mg/L，说明在胶州湾水体中沿着娄山河的河流方向，PHC 含量在不断地沿梯度降低（图 11-6）。

图 11-6 1982 年 6 月表层 PHC 的分布(mg/L)

11.2.5 1983 年 10 月水平分布

1983 年，在胶州湾水域，水体中表层 PHC 的水平分布状况是其含量由北部的近岸向南部的湾口方向递减。1983 年 10 月，在胶州湾东北部，在娄山河和李村河的入海口之间的近岸水域，形成了 PHC 的高含量区(0.12mg/L)。PHC 含量从高含量(0.12mg/L)沿梯度递减到湾口水域的 0.04mg/L，甚至到了湾外水域的0.04mg/L(图 11-7)。

图 11-7 1983 年 10 月表层 PHC 的分布(mg/L)

11.3 石油的污染源

11.3.1 污染源的位置

1979 年 8 月，在李村河和娄山河的入海口中间的近岸水域，PHC 含量的最高值为 1.10mg/L。

1980 年 10 月，在海泊河、李村河和娄山河的入海口水域及它们之间的近岸水域，PHC 含量的最高值为 0.155mg/L。

1981 年 8 月，在海泊河和李村河的入海口水域及它们之间的近岸水域，PHC 含量最高的值为 0.889mg/L。

1982 年 6 月，在娄山河的入海口水域，PHC 含量的最高值为 0.10mg/L。

1983 年 10 月，在娄山河和李村河的入海口之间的近岸水域，PHC 含量的最高值为 0.12mg/L。

由此发现，在 1979~1983 年期间，PHC 的高含量污染源来自海泊河、李村河和娄山河。于是，产生了这样的结果：在海泊河、李村河和娄山河的入海口水域及它们之间的近岸水域，形成了 PHC 的高含量区。在胶州湾水体中，PHC 来源于河流，河流带来了人类活动产生的 PHC 污染，其 PHC 含量的范围为 0.10~1.10mg/L。

11.3.2 污染源的范围

在 1979~1983 年期间，在胶州湾的湾内东部近岸水域，有 3 条入湾径流：海泊河、李村河和娄山河。这 3 条河流给胶州湾整个水域带来了 PHC 的高含量，其 PHC 含量为 0.10~1.10mg/L。于是，胶州湾整个水域的 PHC 含量水平分布展示，以海泊河、李村河和娄山河的 3 个入海口为中心，形成了一系列不同梯度的半个同心圆，PHC 含量从中心沿梯度降低，扩展到胶州湾整个水域。

11.3.3 污染源的类型

1. 重度污染源

1979 年 8 月、1980 年 10 月和 1981 年 8 月的 PHC 水平分布表明，PHC 污染源在入海口的近岸区域，PHC 含量为 0.155~1.10mg/L。在工厂、企业和生活居住区有大量的 PHC 存在，通过管道等方式排放到河流，由入湾河流输送到近岸水域,在近岸水域形成了 PHC 的高含量区,在河流的输送下,以此高含量区为中心,PHC 含量等值线形成了一系列不同梯度的半个同心圆。这样,在胶州湾水体中沿着河流的方向,PHC 含量沿梯度降低。因此,由河流输送的 PHC 高含量,进入胶州湾后,其等值线呈现一系列不同梯度的半个同心圆。

2. 轻度污染源

1982 年 6 月和 1983 年 10 月的 PHC 水平分布表明,PHC 污染源在入海口的近岸区域,PHC 含量为 0.10~0.12mg/L。在工厂、企业和生活居住区有少量的 PHC 存在,通过管道等方式排放到河流,由入湾河流输送到近岸水域,而且,PHC 的含量很低,在近岸水域 PHC 含量形成了几乎平行于东北部的海岸线,并且形成了一系列不同梯度的平行线,表层 PHC 的含量由东北部的近岸向南部的湾口方向沿梯度降低。因此,由河流输送的 PHC(低含量),进入胶州湾后,其含量等值线形成一系列不同梯度的平行线。

11.3.4　污染源的变化特征

在 1979~1983 年期间,通过对胶州湾水体 PHC 含量、水平分布和输入方式的分析,发现在 1979~1981 年和 1982~1983 年,PHC 污染源的变化特征有很大的不同。在 1979~1981 年,污染源的 PHC 含量为 0.155~1.10mg/L,在 1982~1983 年,污染源的 PHC 含量为 0.10~0.12mg/L;在 1979~1981 年,PHC 的污染源的水平分布为半圆式,在 1982~1983 年,PHC 的污染源的水平分布为平行式;在 1979~1981 年,PHC 的污染源的输入方式为河流,在 1982~1983 年,PHC 的污染源的输入方式为河流;在 1979~1981 年,PHC 的污染源为重度污染源,在 1982~1983 年,PHC 的污染源为轻度污染源(表 11-1)。

在 1979~1983 年期间,无论是在 1979~1981 年还是在 1982~1983 年,唯一不变的是 PHC 的污染源的输入方式是河流。

表 11-1　PHC 污染源在不同阶段的变化特征

时间	含量/(mg/L)	水平分布	输入方式	污染源类型
1979~1981 年	0.155~1.10	半圆式	河流	重度污染源
1982~1983 年	0.10~0.12	平行式	河流	轻度污染源

11.3.5　污染源的变化过程

1979~1981 年,PHC 含量的水平分布展示了 PHC 污染源为重度污染源,1982~1983 年,PHC 含量的水平分布展示了 PHC 污染源为轻度污染源。HCH 污染源的变化过程出现 3 个阶段：重度污染源、轻度污染源以及没有污染源，用 3 个模型框图来表示[10]（图 11-8）。同理，PHC 污染源的变化过程出现两个阶段：重度污染源和轻度污染源，用两个模型框图来表示，这与展示 HCH 污染源的变化过程的图 11-8(a)、(b)是一致的，即 PHC 的重度污染源和轻度污染源与 HCH 的重度污染源和轻度污染源所使用的两个模型框图是一样的(图 11-8)。说明无论是 PHC 还是有机物 HCH，其污染源的特征和变化过程是一致的。然而，PHC 污染源的变化过程比 HCH 污染源的变化过程少了一个模型框图，也就是表示 PHC 一直有污染源。反之，PHC 的污染源状况通过模型框图来确定，就能分析知道其是属于重度污染源还是轻度污染源。对此，用两个模型框图展示 PHC 污染源的变化过程。

在 1979～1985 年(缺 1984 年)期间，Hg 污染源的变化过程出现两个阶段：重度污染源和没有污染源，Hg 的重度污染源和没有污染源与 HCH 的重度污染源和没有污染源所使用的两个模型框图是一样的(图 11-8)，无论是重金属 Hg 还是有机物 HCH，其污染源的特征和变化过程是一致的。表明 Hg 污染源的变化过程比 HCH 污染源的变化过程少了一个模型框图，也就是表示 Hg 没有轻度污染源。因此，PHC 污染源和重金属 Hg 污染源的变化过程分别占据了 HCH 污染源的变化过程中的不同阶段。

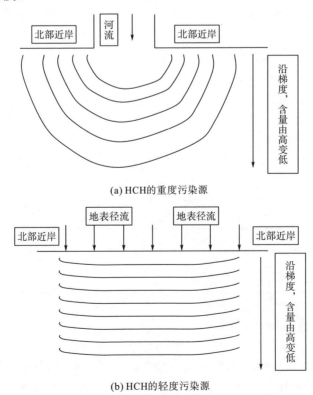

(a) HCH的重度污染源

(b) HCH的轻度污染源

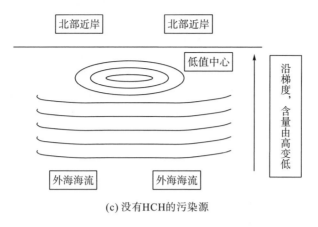

(c) 没有HCH的污染源

图 11-8　HCH 污染源的变化过程的 3 个模型框图

11.4　结　　论

在 1979～1983 年期间，随着时间的变化，胶州湾水域 PHC 的污染源发生了很大变化。PHC 污染源研究的时间阶段分为 1979～1981 年和 1982～1983 年两个阶段，在这两个阶段中，PHC 污染源的含量由高值变为低值，其水平分布由半圆式变为平行式，其输入方式仍然为河流，其污染源程度由重度污染变为轻度污染。展示了 PHC 污染源的变化过程，在这个过程中，唯一不变的是 PHC 的污染源输入方式是河流。河流主要是受到人类的污染，如在工厂、企业和生活居住区有大量的 PHC 存在，最终都排放到河流中。因此，需要人们增强环保意识，加大环境保护的力度，向河流减少 PHC 的排放，胶州湾水体中 PHC 含量就会迅速地降低，胶州湾水体中 PHC 的含量就会达到清洁的标准。

参 考 文 献

[1] Yang D F, Zhang Y C, Zou J, et al. Contents and distribution of petroleum hydrocarbons（PHC）in Jiaozhou Bay waters [J]. Open Journal of Marine Science, 2011, 1（3）: 108-112.

[2] 杨东方, 孙培艳, 陈晨, 等. 胶州湾水域石油烃的分布及污染源[J]. 海岸工程, 2013, 32（1）: 60-72.

[3] Yang D F, Sun P Y, Ju L, et al. Distribution and changing of petroleum hydrocarbon in Jiaozhou Bay waters [J]. Applied Mechanics Materials, 2014, 644-650: 5312-5315.

[4] Yang D F, Sun P Y, Lian J, et al. Input features of petroleum hydrocarbon in Jiaozhou Bay [C]. Proceedings of the 2015 International Symposium on Computers and Informatics，2015: 2647-2654.

[5] Yang D F, Wang F Y, Zhu S X, et al. Distribution and homogeneity of petroleum hydrocarbon in Jiaozhou Bay[C]. Proceedings of the 2015 International Symposium on Computers and Informatics, F, 2015.

[6] Yang D F, Wu Y F, He H Z, et al. Vertical distribution of petroleum hydrocarbon in Jiaozhou Bay [C]. Proceedings of the International Symposium on Computers & Informatics, F, 2015.

[7] 杨东方, 王凡, 高振会, 等. 胶州湾浮游藻类生态现象[J]. 海洋科学, 2004, 28(006): 71-74.

[8] Yang D F, Gao Z H, Sun P Y, et al. Silicon limitation on primary production and its destiny in Jiaozhou Bay, China [J]. Chinese Journal of Oceanology and Limnology, 2005, 24(2): 169-175.

[9] 国家海洋局. 海洋监测规范[M]. 北京: 海洋出版社, 1991.

[10] 杨东方, 丁咨汝, 郑琳, 等. 胶州湾水域有机农药 HCH 的分布及均匀性[J]. 海岸工程, 2011, 30(002): 66-74.

第12章 胶州湾水域石油的陆地迁移过程

中国正处在工业化、农业化的高速发展时期，石油是工业的血液，在国民经济的发展中具有不可替代的作用，而且，石油消费的大量增长与中国经济的发展形成了强烈的依存关系。1979年以来，中国工业迅速发展，石油也大量消费。因此，研究PHC在胶州湾水域的存在状况[1-6]，了解PHC对环境造成的污染有着非常重要的意义。

本章根据1979～1983年胶州湾的调查资料，研究PHC在胶州湾海域的季节变化和月降水量变化，确定PHC含量的季节变化的来源、输送和人类活动的影响，展示胶州湾水域PHC含量的季节变化过程和陆地迁移过程，为PHC在胶州湾水域的来源、迁移和季节变化的研究提供科学依据。

12.1 背　　景

12.1.1 胶州湾自然环境

胶州湾位于山东半岛南部，地理位置为120°04′～120°23′E，35°58′～36°18′N，以团岛与薛家岛连线为界，与黄海相通，面积约为446km^2，平均水深约为7m，是一个典型的半封闭型海湾(图12-1)。胶州湾入海的河流有十几条，其中径流量和含沙量较大的为大沽河和洋河，青岛市区的海泊河、李村河和娄山河等河流均属季节性河流，河水水文特征有明显的季节性变化[7,8]。

12.1.2 数据来源与方法

本书所使用的调查数据由国家海洋局北海环境监测中心提供。按照国家标准方法进行胶州湾水体PHC的调查，该方法被收录在国家的《海洋监测规范》中[9]。

在1979年5月和8月，1980年在6月、7月、9月和10月，1981年4月、8月和11月，1982年4月、7月和10月，1983年5月、9月和10月，进行胶州湾水体PHC的调查[1-6]。以每年4月、5月、6月代表春季，7月、8月、9月代表夏季，10月、11月、12月代表秋季。

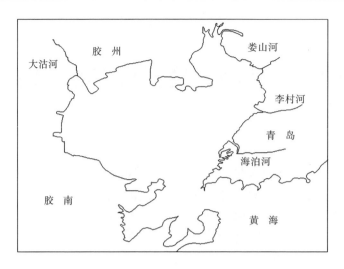

图 12-1　胶州湾地理位置

12.2　石油的季节分布

12.2.1　1979 年季节分布

　　春季，在整个胶州湾表层水体中，PHC 的表层含量为 0.08～0.32mg/L。夏季，PHC 的表层含量为 0.10～1.10mg/L，达到了很高值。以同样的站位，作 8 月与 5 月的 PHC 含量的差，得到 H34、H40 站位为负值，为-0.02～-0.01mg/L，其他站位都为正值，为 0.01～0.91mg/L，而站位 H34 在湾外，站位 H40 在湾的最北端。说明在胶州湾的表层水体中，夏季 PHC 的表层含量几乎都高于春季。因此，在胶州湾的水体中，PHC 的表层含量在夏季比春季高。

12.2.2　1980 年季节分布

　　春季，整个胶州湾表层水体中 PHC 的表层含量为 0.019～0.141mg/L。夏季，表层水体中 PHC 的表层含量为 0.018～0.09mg/L。秋季，在胶州湾水体中，PHC 的表层含量为 0.012～0.155mg/L。春季、夏季和秋季，PHC 表层含量的最大值相差为 0.065mg/L，最小值相差为 0.012～0.155mg/L。表明在胶州湾水体中 PHC 表层含量在春季、夏季和秋季变化不显著，没有明显的季节变化。

　　6 月，在胶州湾水体中，PHC 的含量为 0.019～0.141mg/L。在湾内的水域，PHC 的含量超过了 0.10mg/L。

　　7 月，在胶州湾水体中，PHC 的含量为 0.018～0.076mg/L。在海泊河、李村河、娄山河和大沽河的入海口以及它们之间的近岸水域，PHC 的含量高于 0.05mg/L。

9 月，在胶州湾水体中，PHC 的含量为 0.046～0.09mg/L。水体中 PHC 的含量明显升高，在湾内的水域，PHC 的含量几乎都高于 0.05mg/L。

10 月，在胶州湾水体中，PHC 的含量为 0.012～0.155mg/L。大部分水域中 PHC 的含量明显降低，只有海泊河、李村河和娄山河的入海口水域及它们之间的近岸水域，PHC 的含量高于 0.98mg/L。

表明 6 月、7 月、9 月和 10 月，在胶州湾水体中表层 PHC 都来自河流的输送，而且输送的 PHC 并不是完全是由河流的流量来决定的，而是一部分由人类活动污染河流的 PHC 的含量来决定的。这样，输送的表层 PHC 由河流的流量和人类活动污染河流的 PHC 的含量来共同决定。当河流的流量决定输送的 PHC 时，在胶州湾水体中 PHC 的含量就呈现明显的季节变化。当人类活动向河流排放的 PHC 决定输送的 PHC 时，在胶州湾水体中 PHC 的含量就没有明显的季节变化。

12.2.3 1981 年季节分布

4 月，PHC 在胶州湾表层水体中的含量比较低，其值为 0.021～0.861mg/L；8 月，表层水体中 PHC 的含量明显升高，PHC 在胶州湾表层水体中的含量比较高，其值为 0.011～0.889mg/L；11 月，PHC 在胶州湾表层水体中的含量明显下降，其值为 0.018～0.176mg/L。因此，从 4 月 PHC 含量升高，到 8 月 PHC 含量达到最高值，然后 PHC 含量开始下降，到 11 月达到最低值，而且 PHC 含量高于 1mg/L 的水域，在 4 月和 8 月都非常高，几乎扩展到整个胶州湾水域，然后到 11 月此水域 PHC 含量开始下降，变得非常低。因此，在胶州湾水体中，PHC 的表层含量在夏季比春季高，而秋季最低。这样，PHC 的表层含量的季节变化从高到低为夏季、春季和秋季，PHC 含量的季节变化形成了春季、夏季、秋季的一个峰值曲线。于是，河流的流量决定输送的 PHC 含量。

12.2.4 1982 年季节分布

4 月，胶州湾西南沿岸水域 PHC 含量为 0.05～0.07mg/L，符合国家三类海水水质标准(0.30mg/L)。7 月，胶州湾西南沿岸水域 PHC 含量为 0.04～0.07mg/L，都符合国家二类(0.05mg/L)、三类(0.30mg/L)海水水质标准。10 月，胶州湾西南沿岸水域 PHC 含量为 0.03～0.04mg/L，都符合国家二类海水水质标准(0.05mg/L)。对此，在胶州湾水体中，PHC 的表层含量在夏季和春季一样高，而秋季最低。这样，PHC 的表层含量的季节变化从高到低为春季和夏季、秋季，PHC 含量的季节变化形成了春季和夏季、秋季的一个下降曲线。于是，河流的流量决定输送的 PHC

含量，同时，在春季，部分由人类向河流排放的废水的 PHC 的含量在升高。

12.2.5　1983 年季节分布

5 月，胶州湾水域 PHC 含量为 0.04～0.12mg/L，符合国家二类(0.05mg/L)、三类(0.30mg/L)海水水质标准。9 月，胶州湾水域 PHC 含量为 0.03～0.08mg/L，都符合国家二、三类海水水质标准。10 月，胶州湾水域 PHC 含量为 0.04～0.12mg/L，都符合国家二、三类海水水质标准。对此，PHC 含量的季节变化都保持在国家二、三类海水水质标准，形成了在春季、夏季、秋季的二、三类海水的小变化范围。对此，在胶州湾水体中，PHC 的表层含量在春季和秋季一样高，而夏季最低。这样，PHC 的表层含量的季节变化从高到低为春季和秋季、夏季，PHC 含量的季节变化形成了春季和秋季、夏季的一个下谷底的曲线。于是，在春季和秋季，部分由人类向河流排放的废水的 PHC 含量升高；而在夏季，人类向河流排放的废水的 PHC 含量相对降低。

12.2.6　月降水量变化

1982 年 6 月至 1984 年 12 月，青岛地区的气候平均月降水量的季节变化趋势非常明显。以夏季为最高，与春季、秋季、冬季相比，每年只有一个夏季的高峰值。以冬季为最低，与春季、夏季、秋季相比，每年只有一个冬季的低谷值。1 月，降水量是一年中最低的，最低值为 11.8mm。从 1 月开始缓慢上升，5 月，降水量增长加快，一直到 8 月，经过 7 个月的增长。8 月，降水量增长到高峰值 150.3mm。然后开始迅速减少，11 月，降水量减少放慢，一直到 1 月，经过 5 个月的减少，达到低谷值(图 12-2)。周而复始。11 月，降水量为 23.4mm，4 月，

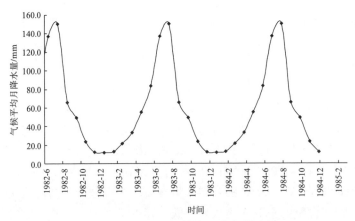

图 12-2　青岛地区的气候平均月降水量

降水量为 33.4mm。表明从 11 月一直到第二年 4 月，这 5 个月的降水量都低于 33.4mm。在春季、夏季和秋季中，春季的降水量比较高，夏季最高，而秋季最低。这样，胶州湾的河流流量也具有这样的特征：春季的河流流量较高，夏季最高，而秋季最低。因此，河流输送的 PHC 也具有这样的特征：春季的 PHC 输送量较大，夏季最大，而秋季最小。这表明输送的 PHC 的含量由河流的流量来决定。

12.3　石油的陆地迁移

12.3.1　使用量

中国正处在工业化、农业化的高速发展时期，同时，农村也在城市化的大力发展中。经济的迅猛飞跃向前和生活水平日新月异都加大了能源的大量耗费，如石油。石油是工业的血液，在国民经济的发展中具有不可替代的作用。石油消费的大量增长与中国经济的发展形成了强烈的依存关系。因此，1979 年以来，中国工业迅速发展，石油也大量消费。

改革开放以来，我国国民经济连续高速发展，对能源的需求急剧增加。石油产量每年有所增长。1978～1990 年是中国经济平稳增长时期，国家统计局统计数据显示中国石油的消费量从 1978 年的 9130 万 t 增长到 1990 年的 11030 万 t，年均增长 158 万 t，年均增长率为 1.6%。通过分析 1978～1990 年中国石油产量及表观消费量的变化过程，可以了解石油的使用状况。石油工业是我国国民经济的重要基础和支柱产业，在宏观经济的发展中占有举足轻重的地位，石油的大量消费使得经济得到大力发展。

12.3.2　河流输送

石油经过加工提炼，可以得到的产品大致可分为四大类：燃料、润滑油、沥青、溶剂。

在工业、农业和日常生活中都离不开石油。石油的第一代产品有汽油、煤油、柴油、润滑油、沥青、石蜡。石油的第二代产品有塑料制品、纤维、橡胶、化肥。以石油为原料还可以制得染料、农药、医药、洗涤剂、炸药、合成蛋白质以及其他有机合成工业用的原料。总之，利用现代的石油加工技术，从石油宝库中人们已能获取 5000 种以上的产品，石油产品已遍及工业、农业、国防、交通运输和人们日常生活的各个领域。因此，在日常的生活中处处都离不开石油产品。

在生产和冶炼石油的过程中，向大气、陆地和大海大量排放污染物。排放的特征如下：①石油化工行业水污染排放特征，主要污染物是石油类、硫化物、氨氮、酚类化合物、悬浮物等；②炼油行业和石油化工行业大气污染排放特征，如石油化工行业排放的大气污染物主要有 SOx、NOx、TSP（total suspended particulate，总悬浮颗粒物）、烃类、恶臭物质以及 CO、VOC（volatile organic compunds，挥发性有机化合物）等。

由此认为，在空气、土壤、地表、河流等任何地方都有石油的残留物，而且以各种不同的化学产品和污染物质的形式存在。经过地面水和地下水石油的残留物都将汇集到河流中，最后迁移到海洋的水体中。

1982 年 6 月至 1984 年 12 月，青岛地区的气候平均月降水量在 8 月增长到高峰值。因此，随着降水量的增长，雨水的冲刷将地面上和土壤中的石油残留物带到河流中。然后，通过河流的输送，将石油的残留物带到胶州湾。这样，胶州湾的 PHC 含量随着降水量的变化而变化。

12.3.3　陆地迁移过程

1. 输送的来源

输送的表层 PHC 是由河流的流量和人类活动污染河流的 PHC 含量共同决定的。

利用现代的石油加工技术，从石油宝库中人们已能获取 5000 种以上的产品，石油产品已遍及工业、农业、国防、交通运输和人们日常生活的各个领域。因此，在日常生活中处处都离不开石油产品。

在生产和冶炼石油的过程中，向大气、陆地和大海大量排放污染物。在空气、土壤、地表、河流等任何地方都有石油的残留物，而且以各种不同的化学产品和污染物质的形式存在。经过地面水和地下水石油的残留物都将汇集到河流中，最后迁移到海洋的水体中。

降雨就像一把扫帚将陆地、大气的石油都带到河流的水体中。这样，河流的 PHC 含量由河流的流量和人类活动共同决定。

2. 河流的输送

当人类没有向河流突然大量排放 PHC 时，河流的 PHC 含量就不会有突发的变化，这样，河流的流量决定输送的 PHC 含量，在胶州湾水体中 PHC 的含量就呈现出明显的季节变化。在春季、夏季和秋季中，春季的降水量比较高，夏季最高，而秋季最低。这样，在胶州湾的河流流量也具有这样的特征：春季的河流流量比较高，夏季最高，而秋季最低。因此，河流输送的 PHC 含量也具有这样的特征：春季的河流流量比较高，夏季最高，而秋季最低。表明输送的 PHC 含量是由河流的流量来决定的。

1982 年 6 月至 1984 年 12 月，青岛地区的气候平均月降水量是在 8 月增长到高峰值。因此，随着降水量的增长，雨水的冲刷将地面上和土壤中的石油残留物带到河流中。然后，通过河流的输送，将石油的残留物带到胶州湾。这样，在胶州湾的石油含量随着降水量在变化。

例如，1979 年季节分布，在胶州湾的水体中，PHC 的表层含量在夏季比春季高；1981 年季节分布，在胶州湾的水体中，PHC 的表层含量在夏季比春季高，而秋季最低。

3. 人类的大量排放

当人类活动向河流突然大量排放 PHC 时，河流的 PHC 含量突然升高。这时，胶州湾水体中 PHC 的含量就表现为季节变化是不明显的。例如，1980 年，胶州湾水体中 PHC 的含量就表现为没有明显的季节变化。

4. 不同的输送叠加

河流的流量决定输送的 PHC，在胶州湾水体中 PHC 的含量呈现出不同的季节变化。以河流的流量为基础，以人类活动为叠加，这样，就展示了河流的流量和人类活动共同决定河流的 PHC 含量，出现了在不同季节的 PHC 含量的高峰值和低谷值。

例如，1982 年季节分布，在胶州湾的水体中，PHC 的表层含量在夏季和春季一样高，而秋季最低。于是，河流的流量决定输送的 PHC 的含量，同时，在春季，部分由人类向河流排放的废水的 PHC 的含量升高。

又如，1983 年季节分布，在胶州湾的水体中，PHC 的表层含量在春季和秋季一样高，而夏季最低。于是，在春季和秋季，部分由人类向河流排放的废水的 PHC 的含量升高，而在夏季，人类向河流排放的废水的 PHC 的含量相对降低。

5. 模型框图

在 1979～1983 年期间，在胶州湾水体中 PHC 含量的季节分布，是由陆地迁移过程所决定的，PHC 的陆地迁移过程出现 3 个阶段：人类对 PHC 的使用、PHC 沉积于土壤和地表中、河流和地表径流把 PHC 输入海洋的近岸水域。这可用模型框图来表示(图 12-3)。通过模型框图来确定 PHC 的陆地迁移过程，就能知道 PHC 经过的路径和留下的轨迹。对此，模型框图展示了：PHC 从生产迁移到陆地是由人类活动来决定的，然而，从陆地迁移到海洋是由降水量来决定的。这样，就进一步展示了河流的 PHC 含量是由人类活动和降水量来决定的。也就是河流的流量和人类活动共同决定河流的 PHC 含量。因此，在胶州湾的水体中 PHC 含量就是由河流的 PHC 含量来决定的。

图 12-3   PHC 的陆地迁移过程模型框图

12.4   结   论

在 1979～1983 年期间,在空间尺度上,胶州湾的西北部水域有大沽河的入海口,为湾的西北部近岸水域提供了河流的输送;胶州湾的东部水域有海泊河、李村河和娄山河的入海口,为湾的东部近岸水域提供了河流的输送。这都展示了 PHC 的含量呈现出从高到低的下降趋势。因此,通过 PHC 在胶州湾水域的分布、来源和季节变化以及该地区的降水量变化,作者认为向近岸水域输入 PHC 的量是随着河流或地表径流的变化而变化的,也就是随着降水量的变化而变化。PHC 含量变化由胶州湾附近盆地的降水量所决定。

在日常的生活中处处都离不开石油产品,在生产和冶炼石油的过程中,向大气、陆地和大海大量排放 PHC。在空气、土壤、地表、河流等任何地方都有石油的残留物,而且以各种不同的化学产品和污染物质的形式存在。因此,经过地面水和地下水石油的残留物都将汇集到河流中,PHC 最后迁移到海洋的水体中。于是,就展示了河流或地表径流的输送。

在时间尺度上,在胶州湾,PHC 含量的变化由 3 种情况所决定。①当人类没有向河流突然大量排放 PHC 时,河流的 PHC 含量就不会有突发的变化,河流的流量决定输送的 PHC,在胶州湾水体中 PHC 的含量呈现出明显的季节变化。河流输送的 PHC 具有如下特征:春季的输送量大,夏季最大,而秋季最小。表明输送的 PHC 的含量由河流的流量决定。②当人类活动向河流突然大量排放 PHC 时,河流的 PHC 含量突然升高。这时,在胶州湾水体中 PHC 的含量表现为季节变化是不明显的。③以河流的流量为基础,以人类活动为叠加,表明河流的流量和人类活动共同决定河流的 PHC 含量,就出现了在不同季节的 PHC 含量的高峰值和低谷值。

在 1979～1983 年期间,在胶州湾水体中 PHC 含量的季节变化,是由陆地迁移过程所决定的。PHC 的陆地迁移过程出现 3 个阶段:人类对 PHC 的使用、PHC 沉积于土壤和地表中、河流和地表径流把 PHC 输入海洋的近岸水域。模型框图展示了:PHC 从使用到陆地是由人类来决定的,然而从陆地到海洋是由降水量来决定的。

参 考 文 献

[1] Yang D F, Zhang Y C, Zou J, et al. Contents and distribution of petroleum hydrocarbons（PHC）in Jiaozhou Bay waters [J]. Open Journal of Marine Science, 2011, 1（3）: 108-112.

[2] 杨东方, 孙培艳, 陈晨, 等. 胶州湾水域石油烃的分布及污染源[J]. 海岸工程, 2013, 32（1）: 60-72.

[3] Yang D F, Sun P Y, Ju L, et al. Distribution and changing of petroleum hydrocarbon in Jiaozhou Bay waters[J]. Applied Mechanics Materials, 2014, 644-650:5312-5315.

[4] Yang D F, Sun P Y, Lian J，et al. Input features of petroleum hydrocarbon in Jiaozhou Bay[C]. Proceedings of the 2015 International Symposium on Computers and Informatics, 2015: 2647-2654.

[5] Yang D F, Wang F Y, Zhu S X, et al. Distribution and homogeneity of petroleum hydrocarbon in Jiaozhou Bay[C]. Proceedings of the 2015 International Symposium on Computers and Informatics, F, 2015.

[6] Yang D F, Wu Y F, He H Z, et al. Vertical distribution of petroleum hydrocarbon in Jiaozhou Bay[C]. Proceedings of the International Symposium on Computers & Informatics, F, 2015.

[7] 杨东方, 王凡, 高振会, 等. 胶州湾浮游藻类生态现象[J]. 海洋科学, 2004, 28（006）: 71-74.

[8] Yang D F, Gao Z H, Sun P Y, et al. Silicon limitation on primary production and its destiny in Jiaozhou Bay, China[J]. Chinese Journal of Oceanology and Limnology, 2005, 24（2）: 169-175.

[9] 国家海洋局. 海洋监测规范[M]. 北京: 海洋出版社, 1991.

第13章 胶州湾水域石油的水域沉降过程

石油(PHC)是一种黏稠的深褐色液体，是各种烷烃、环烷烃、芳香烃的混合物，在工农业和城市的发展中起到重要的作用，是我们日常生活中不可缺失的重要化学物质。随着 PHC 的长期大量使用，且 PHC 可溶于多种有机溶剂，不溶于水，但可与水形成乳状液，大量的 PHC 通过地表径流和河流，输送到海洋，然后，储存在海底[1-6]。因此，研究海洋水体中 PHC 的底层分布变化，对了解 PHC 环境造成的持久性污染有着非常重要的意义。

根据 1980~1981 年胶州湾水域的调查资料，研究 PHC 在胶州湾水域的存在状况[1-6]。在 1980~1981 年期间，在胶州湾水体中 PHC 的含量没有季节的变化，是由人类的排放量经过陆地迁移过程所决定的；PHC 的陆地迁移过程出现 3 个阶段：人类对 PHC 的使用、PHC 沉积于土壤和地表中、河流和地表径流把 PHC 输入海洋的近岸水域。本章根据 1980~1981 年胶州湾的调查资料，研究 PHC 在胶州湾海域的底层分布变化，为治理 PHC 污染的环境提供理论依据。

13.1 背 景

13.1.1 胶州湾自然环境

胶州湾位于山东半岛南部，地理位置为 120°04′~120°23′E，35°58′~36°18′N，以团岛与薛家岛连线为界，与黄海相通，面积约为 446km²，平均水深约为 7m，是一个典型的半封闭型海湾(图 13-1)。胶州湾入海的河流有十几条，其中径流量和含沙量较大的为大沽河和洋河，青岛市区的海泊河、李村河和娄山河等河流均属季节性河流，河水水文特征有明显的季节性变化[7,8]。

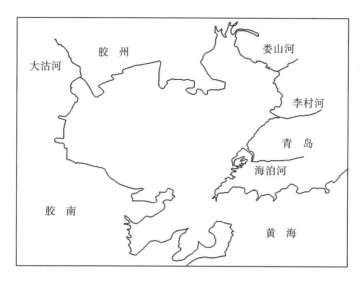

图 13-1　胶州湾地理位置

13.1.2　数据来源与方法

本书所使用的调查数据由国家海洋局北海环境监测中心提供。按照国家标准方法进行胶州湾水体 PHC 的调查，该方法被收录在国家的《海洋监测规范》中[9]。

在 1980 年 6 月、7 月、9 月和 10 月，1981 年 4 月、8 月和 11 月，进行胶州湾水体底层 PHC 的调查。以每年 4 月、5 月、6 月代表春季，7 月、8 月、9 月代表夏季，10 月、11 月、12 月代表秋季。

13.2　石油的底层含量及分布

13.2.1　底层含量

在 1980 年、1981 年，对胶州湾水体底层中的 PHC 进行调查，其底层含量的变化范围见表 13-1。

1. 1980 年

6 月，在胶州湾水体中，PHC 的含量为 0.036～0.147mg/L。只有湾口湾外的 H82 站位的水域，PHC 的含量为 0.036mg/L，符合国家一、二类海水水质标准（0.05mg/L）。而在湾内的水域，PHC 的含量超过了 0.10mg/L，而湾外的 H34 站位的水域，PHC 的含量为 0.095mg/L。因此，除了湾外的南部水域，整个水域都达到了国家三类海水水质标准(0.30mg/L)。

7月，在胶州湾水体中，PHC 的含量为 0.033～0.060mg/L。水体中 PHC 的含量明显降低，湾口湾内的 H35、H36、H37 站位的水域，PHC 的含量低于 0.05mg/L，整个水域都符合国家一、二类海水水质标准(0.05mg/L)。湾口湾外的 H34、H82 站位的水域，PHC 的含量低于 0.30mg/L，整个水域都符合国家三类海水水质标准(0.30mg/L)。

9月，在胶州湾水体中，PHC 的含量为 0.068～0.102mg/L。水体中 PHC 的含量明显升高，湾口的湾内和湾外水域，整个水域都达到了国家三类海水水质标准(0.30mg/L)。

10月，在胶州湾水体中，PHC 的含量为 0.028～0.065mg/L。只有湾口湾内的 H36 站位的水域，PHC 的含量为 0.065mg/L，符合国家三类海水水质标准(0.30mg/L)。而其他水域中 PHC 的含量明显降低，达到了国家一、二类海水水质标准(0.05mg/L)。

因此，6月、7月、9月和10月，在胶州湾水体中底层 PHC 含量为 0.028～0.147mg/L，符合国家一、二和三类海水水质标准。表明在 PHC 含量方面，6月、7月、9月和10月，在胶州湾的湾口底层水域，水质受到 PHC 的轻度污染(表 13-1)。

2. 在 1981 年

4月，在胶州湾水体中，PHC 的含量为 0.031～0.123mg/L。在湾内的近岸水域的 D5 和 B5 站位以及湾外水域的 A2 站位，PHC 的含量超过了 0.05mg/L，符合国家三类海水水质标准(0.30mg/L)。湾内、外的其他水域，PHC 的含量符合国家一、二类海水水质标准(0.05mg/L)。

8月，在胶州湾水体中，PHC 的含量为 0.028～0.056mg/L。水体中 PHC 的含量明显降低，只有湾口内侧的 A6 站位的水域，PHC 的含量为 0.056mg/L，符合国家三类海水水质标准(0.30mg/L)。湾内、外的其他水域，PHC 的含量符合国家一、二类海水水质标准(0.05mg/L)。

11月，在胶州湾水体中，PHC 的含量为 0.038～0.100mg/L。水体中 PHC 的含量明显升高，湾口和湾口的外侧水域，整个水域都达到了国家三类海水水质标准(0.30mg/L)。而湾口的内侧水域，整个水域都符合国家一、二类海水水质标准(0.05mg/L)。

因此，4月、8月和11月，在胶州湾水体中底层 PHC 含量为 0.028～0.123mg/L，符合国家一、二和三类海水水质标准。表明在 PHC 含量方面，4月、8月和11月，在胶州湾的湾口底层水域，水质受到 PHC 的轻度污染(表 13-1)。

表 13-1　4～11 月在胶州湾水体中底层 PHC 的含量　　　　　　　　（单位：mg/L）

年份	4 月	5 月	6 月	7 月	8 月	9 月	10 月	11 月
1980			0.036～ 0.147	0.033～ 0.060		0.068～ 0.102	0.028～ 0.065	
1981	0.031～ 0.123				0.028～ 0.056			0.038～ 0.100

13.2.2　底层分布

1. 1980 年

6 月、7 月、9 月和 10 月，在胶州湾的湾口底层水域，从湾口内侧到湾口，再到湾口外侧，H34、H35、H36、H37 和 H82 站位 PHC 含量有底层的调查。PHC 含量在底层的水平分布如下。

6 月，在胶州湾的湾口底层水域，从湾口到湾口外侧，H35 站位 PHC 的含量较高，为 0.147mg/L，以湾口水域为中心形成了 PHC 的高含量区，PHC 含量等值线形成了一系列不同梯度的平行线。PHC 从湾口的高含量(0.147mg/L)到湾外水域沿梯度递减为 0.036mg/L。

7 月，在胶州湾的湾口底层水域，从湾口外侧的东部到湾口内侧，H34 站位 PHC 的含量较高，为 0.060mg/L，以湾口外侧东部水域为中心形成了 PHC 的高含量区，PHC 含量等值线形成了一系列不同梯度的平行线。PHC 从湾口外侧东部水域的高含量(0.060mg/L)到湾口内侧沿梯度递减为 0.033mg/L(图 13-2)。

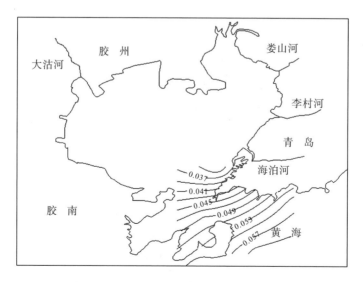

图 13-2　1980 年 7 月底层 PHC 的分布(mg/L)

9月，在胶州湾的湾口底层水域，从湾口内侧到湾口外侧，H36 站位 PHC 的含量较高，为 0.102mg/L，以湾口内侧水域为中心形成了 PHC 的高含量区，PHC含量等值线形成了一系列不同梯度的平行线。PHC 从湾口内侧水域的高含量(0.102mg/L)到湾口外侧沿梯度递减为 0.068mg/L。

10 月，在胶州湾的湾口底层水域，从湾口内侧到湾口外侧，H36 站位 PHC的含量较高，为 0.065mg/L，以湾口内侧水域为中心形成了 PHC 的高含量区，PHC含量等值线形成了一系列不同梯度的平行线。PHC 从湾口内侧水域的高含量(0.065mg/L)到湾口外侧沿梯度递减为 0.028mg/L(图 13-3)。

因此，从湾口内侧到湾口外侧，无论沿梯度递减或者递增，PHC 含量都形成了一系列不同梯度的平行线。

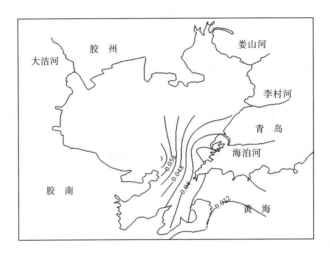

图 13-3   1980 年 10 月底层 PHC 的分布(mg/L)

2. 1981 年

4 月、8 月和 11 月，在胶州湾的湾口底层水域，从湾口内侧到湾口，再到湾口外侧，4 月和 8 月 A1、A2、A3、A4、A5、A6、A7、A8、B5 和 D5 站位，11月 H34、H35、H36、H37 站位 PHC 含量有底层的调查。PHC 含量在底层的水平分布如下。

4 月，在胶州湾的湾口底层水域，从湾内中心到湾口外侧，D5 站位 PHC 的含量较高，为 0.123mg/L，以湾内中心水域为中心形成了 PHC 的高含量区，PHC含量等值线形成了一系列不同梯度的半圆。PHC 从湾内中心的高含量(0.123mg/L)到湾口水域沿梯度递减为 0.031mg/L(图 13-4)。

8 月，在胶州湾的湾口底层水域，从湾口内侧到湾口外侧，A6 站位 PHC 的含量较高，为 0.056mg/L，以湾口内侧水域为中心形成了 PHC 的高含量区，PHC

含量等值线形成了一系列不同梯度的半圆。PHC 从湾口内侧的高含量 (0.056mg/L) 到湾口外侧水域沿梯度递减为 0.028mg/L 。

11 月，在胶州湾的湾口底层水域，从湾口外侧的东部到湾口内侧，H34 站位 PHC 的含量较高，为 0.100mg/L，以湾口外侧东部水域为中心形成了 PHC 的高含量区，PHC 含量等值线形成了一系列不同梯度的平行线。PHC 从湾口外侧东部水域的高含量 (0.100mg/L) 到湾口内侧沿梯度递减为 0.038mg/L（图 13-5）。

因此，4 月和 8 月，从湾口内侧到湾口外侧，PHC 含量沿梯度递减，而 11 月，从湾口外侧到湾口内侧，PHC 含量沿梯度递减。

图 13-4 1981 年 4 月底层 PHC 的分布（mg/L）

图 13-5 1981 年 11 月底层 PHC 的分布（mg/L）

13.3　石油的沉降过程

13.3.1　月份变化

4～11 月(缺少 5 月)，在胶州湾水体中底层 PHC 含量的变化范围为 0.028～0.147mg/L，符合国家一、二和三类海水水质标准。表明在 PHC 含量方面，4～11 月(缺少 5 月)，在胶州湾的湾口底层水域，水质受到 PHC 的轻度污染。

在胶州湾的湾口底层水域，4～11 月(缺少 5 月)，每个月 PHC 含量高值的变化范围为 0.056～0.147mg/L，每个月 PHC 含量低值的变化范围为 0.028～0.068mg/L(图 13-6)。那么，每个月 PHC 含量高值变化的差是 0.147-0.056=0.091mg/L，而每个月 PHC 含量低值变化的差是 0.068-0.028=0.040mg/L。作者发现每个月 PHC 含量高值的变化范围比较大，而每个月 PHC 含量低值的变化范围比较小，说明 PHC 含量经过了垂直水体的效应作用[10]，表明在胶州湾的湾口底层水域 PHC 含量的低值变化范围比较稳定，变化比较小。

在胶州湾的湾口底层水域，4～11 月(缺少 5 月)，每个月 PHC 含量高值都大于 0.050mg/L，其中 4 月、6 月、9 月和 11 月，其高值均大于 0.100mg/L。揭示了每个月水质都受到 PHC 的轻度污染，而且 4 月、6 月、9 月和 11 月，PHC 的污染比较重。

在胶州湾的湾口底层水域，4～11 月(缺少 5 月)，除了 9 月，每个月 PHC 含量低值都小于 0.050mg/L，只有 9 月，其低值大于 0.050mg/L。揭示了除了 9 月，每个月水质都可从 PHC 的轻度污染恢复到无污染程度，只有在 9 月，PHC 一直都是轻度污染。

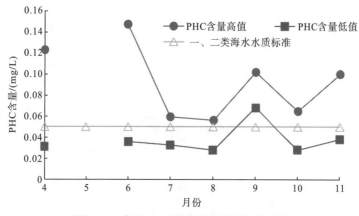

图 13-6　底层 PHC 的含量随着月份的变化

因此，在 1980～1981 年期间，在胶州湾的湾口底层水域，4～11 月(缺少 5 月)，每个月水质都受到 PHC 的轻度污染，而且在 4 月、6 月、9 月和 11 月，PHC 的污染比较重。但是，除了 9 月，每个月水质都可从 PHC 的轻度污染恢复到无污染程度，只有 9 月，PHC 一直都是轻度污染。

13.3.2 季节变化

以每年 4 月、5 月、6 月代表春季，7 月、8 月、9 月代表夏季，10 月、11 月、12 月代表秋季。在 1980～1981 年期间，PHC 在胶州湾水体中的含量在春季较高（0.031～0.147mg/L），在夏季中等（0.028～0.102mg/L），在秋季较低（0.028～0.100mg/L）。因此，在胶州湾的湾口底层水域，在春季、夏季和秋季，PHC 含量高值变化范围为 0.100～0.147mg/L，PHC 含量低值变化范围为 0.028～0.031mg/L。展示了在胶州湾的湾口底层水域，PHC 含量几乎没有季节变化，无论是 PHC 含量高值还是 PHC 含量低值都没有季节变化。

13.3.3 水域沉降过程

胶州湾海域底层水体中 PHC 含量的分布变化，展示了 PHC 的沉降过程：PHC 是一种黏稠的深褐色液体，是各种烷烃、环烷烃、芳香烃的混合物。PHC 在水里迁移的过程中，可溶于多种有机溶剂，不溶于水，但可与水形成乳状液。PHC 随河流入海后，绝大部分经过重力沉降、生物沉降、化学作用等迅速由水相转入固相，最终转入沉积物中。从春季的 5 月开始，海洋生物大量繁殖，数量迅速增加，到夏季的 8 月，形成了高峰值[8]，且由于浮游生物的繁殖活动，悬浮颗粒物表面形成胶体，此时的吸附力最强，吸附了大量的 PHC，大量的 PHC 随着悬浮颗粒物迅速沉降到海底。这样，随着雨季(5～11 月)的到来，季节性的河流变化，PHC 被输入胶州湾海域中，在春季、夏季和秋季，河流输入大量的 PHC 到海洋，颗粒物质和生物体将 PHC 从表层带到底层。于是，经过水体的 PHC 沉降到海底，在表层 PHC 的含量低于底层。这个过程表明了 PHC 在迅速地沉降，并且在底层具有累积的过程。

13.4 结　论

在 1980～1981 年期间，在胶州湾的底层水体中，4～11 月(缺少 5 月)，在胶州湾水体中底层 PHC 含量的变化范围为 0.028～0.147mg/L，符合国家一、二和三类海水水质标准。表明在 PHC 含量方面，4～11 月(缺少 5 月)，在胶州湾的湾口底层水域，水质受到 PHC 的轻度污染。经过垂直水体的效应作用，在胶州湾的湾口底层水域 PHC 含量的低值变化范围比较稳定，变化比较小。4～11 月(缺少 5 月)，除了 9 月，每个月水质都可从 PHC 的轻度污染恢复到无污染程度，只有 9 月，PHC 一直都是轻度污染。在胶州湾的湾口底层水域，PHC 含量几乎没有季节变化，无论是 PHC 含量高值还是 PHC 含量低值都没有季节变化。表明人类污染带来的 PHC 含量大于河流输送的季节变化带来的 PHC 含量。故人类造成的 PHC 污染相当严重。

从湾口内侧到湾口外侧，无论沿梯度递减或者递增，PHC 含量等值线都形成了一系列不同梯度的平行线。4 月和 8 月，从湾口内侧到湾口外侧，PHC 含量沿梯度递减，而 11 月，从湾口外侧到湾口内侧，PHC 含量沿梯度递减，展示了 PHC 的沉降过程。沉降过程揭示了 PHC 下降到水底的特征：①PHC 本身的化学性质十分稳定，很难溶于水；②大量的 PHC 随着悬浮颗粒物迅速沉降到海底。因此，沉降过程的特征说明在 1980～1981 年期间，在空间尺度上，表层输入的 PHC，无论是湾内到湾口及湾外的水域，还是湾外到湾口及湾内的水域，都出现了 PHC 含量的大幅度下降。这些都证明沉降过程对 PHC 含量变化的作用。因此，PHC 含量的沉降过程呈现出 PHC 在时空变化中的迁移路径。

参 考 文 献

[1] Yang D F, Zhang Y C, Zou J, et al. Contents and distribution of petroleum hydrocarbons (PHC) in Jiaozhou Bay waters [J]. Open Journal of Marine Science, 2011, 1(3): 108-112.

[2] 杨东方, 孙培艳, 陈晨, 等. 胶州湾水域石油烃的分布及污染源[J]. 海岸工程, 2013, 32(1): 60-72.

[3] Yang D F, Sun P Y, Ju L，et al. Distribution and changing of petroleum hydrocarbon in Jiaozhou Bay waters[J]. Applied Mechanics Materials, 2014, 644-650: 5312-5315.

[4] Yang D F, Sun P Y, Lian J, et al. Input features of petroleum hydrocarbon in Jiaozhou Bay[C]. Proceedings of the 2015 International Symposium on Computers and Informatics, 2015: 2647-2654.

[5] Yang D F, Wang F Y, Zhu S X, et al. Distribution and homogeneity of petroleum hydrocarbon in Jiaozhou Bay[C]. Proceedings of the 2015 International Symposium on Computers and Informatics, F, 2015.

[6] Yang D F, Wu Y F, He H Z, et al. Vertical distribution of petroleum hydrocarbon in Jiaozhou Bay[C]. Proceedings of the International Symposium on Computers & Informatics, F, 2015.

[7] 杨东方, 王凡, 高振会, 等. 胶州湾浮游藻类生态现象[J]. 海洋科学, 2004, 28(006): 71-74.

[8] Yang D F, Gao Z H, Sun P Y, et al. Silicon limitation on primary production and its destiny in Jiaozhou Bay, China[J]. Chinese Journal of Oceanology and Limnology, 2005, 24(2): 169-175.

[9] 国家海洋局. 海洋监测规范[M]. 北京: 海洋出版社, 1991.

[10] Yang D F, Wang F Y, He H Z, et al. Vertical water body effect of benzene hexachloride[C]. Proceedings of the International Symposium on Computers & Informatics, F, 2015.

第14章 胶州湾水域石油的水域迁移过程

石油(PHC)是一种黏稠的深褐色液体，在工农业和城市的发展中得到广泛的应用，而且经历了大量的持续使用。PHC由于被长期大量地使用，沉积于土壤和地表中，经过雨水的冲刷汇入江河；同时，PHC被大量排放进河流，且PHC可溶于多种有机溶剂，不溶水，但可与水形成乳状液，对水体环境造成极大的污染[1-6]。因此，研究海洋水体中PHC的垂直分布变化，对了解PHC在水体中的迁移过程有着非常重要的意义。本章根据1980～1981年胶州湾的调查资料，研究PHC在胶州湾海域的垂直分布变化，为治理PHC污染的环境提供理论依据。

14.1 背　　景

14.1.1 胶州湾自然环境

胶州湾位于山东半岛南部，地理位置为120°04′～120°23′E，35°58′～36°18′N，以团岛与薛家岛连线为界，与黄海相通，面积约为446km²，平均水深约为7m，是一个典型的半封闭型海湾(图14-1)。胶州湾入海的河流有十几条，其中径

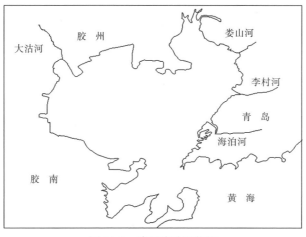

图 14-1　胶州湾地理位置

流量和含沙量较大的为大沽河和洋河，青岛市区的海泊河、李村河和娄山河等河流均属季节性河流，河水水文特征有明显的季节性变化[7,8]。

14.1.2 数据来源与方法

本书所使用的调查数据由国家海洋局北海环境监测中心提供。按照国家标准方法进行胶州湾水体 PHC 的调查，该方法被收录在国家的《海洋监测规范》中[9]。

在 1980 年 6 月、7 月、9 月和 10 月，1981 年 4 月、8 月和 11 月，进行胶州湾水体底层 PHC 的调查。以每年 4 月、5 月、6 月代表春季，7 月、8 月、9 月代表夏季，10 月、11 月、12 月代表秋季。

14.2 石油的水平及垂直分布

14.2.1 1980 年表、底层含量水平分布趋势

6 月、7 月、9 月和 10 月，在 H34、H35、H36、H37 和 H82 站位，得到了 PHC 在表、底层的含量值。

在胶州湾的湾口水域，从胶州湾湾口内侧水域的 H37 站位到湾外东部近岸水域的 H34 站位为研究水域。

6 月，在表层，PHC 含量沿梯度下降，从 0.141mg/L 下降到 0.019mg/L。在底层，PHC 含量沿梯度下降，从 0.103mg/L 下降到 0.095mg/L。表明表、底层的水平分布趋势是一致的。

7 月，在表层，PHC 含量沿梯度上升，从 0.024mg/L 上升到 0.047mg/L。在底层，PHC 含量沿梯度上升，从 0.033mg/L 上升到 0.060mg/L。表明表、底层的水平分布趋势是一致的。

9 月，在表层，PHC 含量沿梯度上升，从 0.054mg/L 上升到 0.056mg/L。在底层，PHC 含量沿梯度下降，从 0.084mg/L 下降到 0.068mg/L。表明表、底层的水平分布趋势是相反的。

10 月，在表层，PHC 含量沿梯度下降，从 0.025mg/L 下降到 0.022mg/L。在底层，PHC 含量沿梯度上升，从 0.035mg/L 上升到 0.038mg/L。表明表、底层的水平分布趋势是相反的。

6 月和 7 月，在胶州湾湾口水域的水体中，表层 PHC 的水平分布与底层的水平分布趋势是一致的。9 月和 10 月，在胶州湾湾口水域的水体中，表层 PHC 的水平分布与底层的水平分布趋势是相反的(表 14-1)。

表 14-1　在胶州湾的湾口水域 PHC 的表、底层含量水平分布趋势

月份	表层	底层	趋势
6	下降	下降	一致
7	上升	上升	一致
9	上升	下降	相反
10	下降	上升	相反

14.2.2　1980 年表、底层含量变化范围

6 月、7 月、9 月和 10 月，在 H34、H35、H36、H37 和 H82 站位，对比表、底层含量整体变化范围。6 月，PHC 的表层含量为 0.019～0.141mg/L，其对应的底层含量为 0.036～0.147mg/L。7 月，PHC 的表层含量为 0.018～0.047mg/L，其对应的底层含量为 0.033～0.060mg/L。9 月，PHC 的表层含量为 0.046～0.056mg/L，其对应的底层含量为 0.068～0.102mg/L。10 月，PHC 的表层含量为 0.012～0.030mg/L，其对应的底层含量为 0.028～0.065mg/L。因此，在胶州湾表层水体中，PHC 的表、底层变化量基本一样。PHC 的表层含量高的，对应其底层含量就高；同样，PHC 的表层含量比较低时，对应的底层含量就低。1980 年，PHC 的表层含量变化范围为 0.012～0.141mg/L，PHC 的底层含量变化范围为 0.028～0.147mg/L，表层 PHC 的变化范围小于底层的变化范围。

14.2.3　1980 年表、底层含量垂直变化

6 月、7 月、9 月和 10 月，在 H34、H35、H36、H37 和 H82 站位，PHC 的表、底层含量相减，其差值范围为-0.076～0.038mg/L。表明 PHC 的表、底层含量有相近，也有相差。

6 月，表、底层的含量之差的范围为-0.076～0.038mg/L，只有湾口内水域的 H37 站位是正值，其他站位都为负值（表 14-2）。

7 月，表、底层的含量之差的范围为-0.031～-0.002mg/L，所有站位都为负值（表 14-2）。

9 月，表、底层的含量之差的范围为-0.056～-0.012mg/L，所有站位都为负值（表 14-2）。

10 月，表、底层的含量之差的范围为-0.053～0.002mg/L，只有湾口外水域的 H82 站位是正值，其他站位都为负值（表 14-2）。

因此，PHC 的表、底层含量都相近，PHC 在表层的含量几乎都小于底层。

表 14-2　在胶州湾的湾口水域 PHC 的表、底层含量差

月份	H34	H35	H36	H37	H82
6	负值	负值	负值	正值	负值
7	负值	负值	负值	负值	负值
9	负值	负值	负值	负值	负值
10	负值	负值	负值	负值	正值

14.2.4　1981 年表、底层含量水平分布趋势

4 月、8 月和 11 月，有 PHC 的表、底层含量调查。4 月的站位有 A1、A2、A3、A5、A6、A7、A8、B5、D5 和 H34，8 月的站位有 A1、A2、A3、A5、A6、A7、A8、B5、H34、H35、H36 和 H37，11 月的站位有 H34、H35、H36、H37。

4 月，在胶州湾的湾口水域，从湾内到湾口，表层 PHC 含量沿梯度降低，从 0.166mg/L 迅速降低到 0.040mg/L。底层 PHC 含量沿梯度降低，从 0.123mg/L 迅速降低到 0.031mg/L。表明表、底层的水平分布趋势是一致的。

8 月，在胶州湾的湾口水域，从湾内到湾口，表层 PHC 含量沿梯度降低，从 0.056mg/L 降低到 0.0118mg/L。底层 PHC 含量沿梯度降低，从 0.056mg/L 降低到 0.037mg/L。表明表、底层的水平分布趋势是一致的。

11 月，在胶州湾的湾口水域，从湾内到湾口，表层 PHC 含量沿梯度降低，从 0.068mg/L 逐渐降低到 0.041mg/L。底层 PHC 含量沿梯度上升，其含量从 0.038mg/L 上升到 0.100mg/L。表明表、底层的水平分布趋势是相反的。

因此，在表层水体中，PHC 含量在 4 月、8 月比较高时，表、底层的水平分布趋势是一致的(表 14-3)。PHC 含量在 11 月比较低时，由于 PHC 不断地沉降，经过海底的累积，表、底层的水平分布趋势是相反的(表 14-3)。

表 14-3　在胶州湾的湾口水域 PHC 的表、底层含量水平分布趋势

月份	表层	底层	趋势
4	下降	下降	一致
8	下降	下降	一致
11	下降	上升	相反

14.2.5　1981 年表、底层含量变化范围

4 月，在 B5 站位，PHC 的表层含量高于底层。在湾口的 A1、A2、A3、A6、A7、A8、D5 和 H34 站位，PHC 的表层含量低于底层。A5 站位 PHC 的表层含量

等于底层。将表、底层含量在每个站位进行相减，其差值为-0.043～0.114mg/L，正的只有 0.114mg/L。最大的负值-0.043mg/L 在湾内河口的 D5 站位，差值为 0 的在湾口的 A5 站位，最大的正值 0.114mg/L 在湾内中心的 B5 站位。

8 月，在 A1、A8、H34 和 H36 站位，PHC 的表层含量高于底层。在 A2、A3、A5、A7、B5 和 H35 站位，PHC 的表层含量低于底层。A6 和 H37 站位 PHC 的表层含量等于底层。将表、底层含量在每个站位进行相减，其差值为负的有-0.0282～-0.009mg/L，为正的有 0.012～0.021mg/L，还有两个站位的差值为 0。最大的负值-0.0282mg/L 在湾口的 A5 站位，最大的正值 0.021mg/L 在湾外的 A1 和 H34 站位。

11 月，在 H35、H36 和 H37 站位，PHC 的表层含量高于底层。在 H34 站位，PHC 的表层含量低于底层。将表、底层含量在每个站位进行相减，其差值为负的有-0.059mg/L，为正的有 0.006～0.021mg/L。最大的负值-0.059mg/L 在 H34 站位，最小的正值 0.006mg/L 在 H35 站位，最大的正值 0.021mg/L 在 H36 站位。

因此，4 月，PHC 的表层含量高于底层的水域比较小，而 PHC 的表层含量低于底层的水域比较大。到了 8 月，PHC 的表层含量高于底层的水域就变得比较大，而 PHC 的表层含量低于底层的水域就变得比较小。到了 11 月，依然如 8 月，PHC 的表层含量高于底层的水域比较大，而 PHC 的表层含量低于底层的水域比较小。4 月、8 月和 11 月，PHC 的表、底层含量差值比较小，故 PHC 的表、底层含量都相近。

14.2.6　1981 年表、底层含量垂直变化

4 月、8 月和 11 月，有 PHC 的表、底层含量调查。4 月的站位有 A1、A2、A3、A5、A6、A7、A8、B5、D5 和 H34，8 月的站位有 A1、A2、A3、A5、A6、A7、A8、B5、H34、H35、H36 和 H37，11 月的站位有 H34、H35、H36、H37。这些站位，PHC 的表、底层含量相减，其差值为-0.059～0.114mg/L。表明 PHC 的表、底层含量有相近，也有相差。

4 月，表、底层的含量之差的范围为-0.043～0.114mg/L，只有湾内中心水域的 B5 站位是正值，湾口水域的 A5 站位为 0，其他站位都为负值（表 14-4）。

8 月，表、底层的含量之差的范围为-0.028～0.021mg/L，在湾口外的东部近岸水域的 A1、H34 站位和胶州湾湾口内侧水域的 H36、A8 站位是正值，湾口内侧水域的 A6 和 H37 站位为 0，其他站位都为负值（表 14-4）。

11 月，表、底层含量之差的范围为-0.053～0.002mg/L，只有湾口外东部近岸水域的 H34 站位是负值，其他站位都为正值（表 14-4）。

因此，PHC 的表、底层含量都相近，PHC 在表层的含量几乎都小于底层。

表 14-4 在胶州湾水域 PHC 的表、底层含量差

月份	正值	零值	负值
4	1 个站位	1 个站位	8 个站位
8	4 个站位	2 个站位	6 个站位
11	3 个站位		1 个站位

14.3 石油的水域迁移过程

14.3.1 污染源

在 1980～1981 年期间，发现 PHC 的污染源主要是通过河流向胶州湾输入。在时间尺度上，在整个胶州湾水域，PHC 含量的升高是由人类活动产生的，从 PHC 含量的升高到高峰值，然后，通过 PHC 在水域的沉降过程，降低到低谷值。在空间尺度上，向近岸水域输入 PHC 是随着河流的入海口，从大到小变化，也就是随着与河流的入海口距离的变化而变化。因此，在胶州湾水域，PHC 通过海泊河、李村河和娄山河均从湾的东北部入海，输入胶州湾的近岸水域。

14.3.2 水域迁移过程

石油是各种烷烃、环烷烃、芳香烃的混合物，其密度为 $0.8～1.0g/cm^3$，沸点范围为常温到 500℃以上，可溶于多种有机溶剂，不溶于水，但可与水形成乳状液。说明石油在水体迁移过程中，一直保持稳定的化学性质。

在胶州湾水域，PHC 随着河口来源高低和经过距离的变化进行迁移。

1. 1980 年

在胶州湾的湾口水域，6 月，PHC 含量是高值，7 月，PHC 含量是低值。6 月和 7 月，在胶州湾湾口水域的水体中，表层 PHC 的水平分布与底层的水平分布趋势是一致的。表明在 PHC 刚刚开始进入胶州湾的水体中时，无论 PHC 含量高低，表、底层 PHC 的水平分布趋势都是一致的。而且表明 PHC 的沉降是迅速的。由于 PHC 不断地沉降，经过海底的累积，9 月和 10 月，在胶州湾湾口水域的水体中，表层 PHC 的水平分布与底层的水平分布趋势是相反的。

胶州湾表层水体中，PHC 的表、底层变化量基本一样。PHC 的表层含量高的，对应的底层含量就高；同样，PHC 的表层含量比较低时，对应的底层含量就低。表明 PHC 的沉降是迅速的，而且沉降是大量的，沉降量与含量的高低相一致。表

层 PHC 的变化范围小于底层的变化范围，展示了 PHC 经过不断的沉降，在海底的累积作用。

PHC 表、底层含量的垂直变化说明 PHC 的表、底层含量都相近，而且 PHC 在表层的含量几乎都低于底层。说明经过了不断的沉降后，PHC 在海底的累积作用是很重要的，导致 PHC 含量在底层非常高。

2. 1981 年

在表层水体中，PHC 含量在 4 月、8 月比较高时，表、底层的水平分布趋势是一致的。表明在 PHC 刚刚开始进入胶州湾的水体中时，PHC 含量比较高，表、底层的 PHC 水平分布趋势都是一致的。说明了 PHC 的沉降是迅速的，而且沉降量很大。PHC 含量在 11 月比较低时，由于 PHC 不断地沉降，经过海底的累积，在胶州湾湾口水域的水体中，表层 PHC 的水平分布与底层的水平分布趋势是相反的。

4 月，PHC 的表层含量高于底层的水域的程度比较小，而 PHC 的表层含量低于底层的水域的程度比较大。到了 8 月，PHC 的表层含量高于底层的水域的程度就变得比较大，而 PHC 的表层含量低于底层的水域的程度就变得比较小。到了 11 月，又与 4 月情况一样，PHC 的表层含量高于底层的水域的程度比较小，而 PHC 的表层含量低于底层的水域的程度比较大。4 月、8 月和 11 月，PHC 的表、底层含量差值比较小，故 PHC 的表、底层含量都相近。充分揭示了河流输入胶州湾的 PHC 的水域迁移变化过程。4 月，当河流刚刚输入 PHC 时，小部分水域的 PHC 的表层含量比较高，因此，只有小部分水域的 PHC 的表层含量高于底层，大部分水域的 PHC 的表层含量低于底层。8 月，当河流大量输入 PHC 时，大部分水域的 PHC 的表层含量比较高，因此，大部分水域的 PHC 的表层含量高于底层，只有小部分水域的 PHC 的表层含量低于底层。11 月，当河流输入的 PHC 大量减少时，依然如 4 月，只有小部分水域的 PHC 的表层含量高于底层，大部分水域的 PHC 的表层含量低于底层。

14.3.3　水域迁移模型框图

在 1980～1981 年期间，在胶州湾水体中 PHC 含量的垂直分布，是由水域迁移过程所决定的，PHC 的水域迁移过程出现 3 个阶段：从污染源把 PHC 输出到胶州湾水域、把 PHC 输入到胶州湾水域的表层、PHC 从表层沉降到底层。这可用模型框图来表示(图 14-2)。PHC 的水域迁移过程通过模型框图来确定，就能分析知道 PHC 经过的路径和留下的轨迹。对此，模型框图展示了 PHC 含量的变化决定水域迁移的过程。在胶州湾水体中 PHC 含量从垂直分布来看，当表层 PHC 含量比较高时，PHC 的表层含量高于底层；当表层 PHC 含量比较低时，PHC 的

底层含量高于表层。而在胶州湾东部的近岸水域,无论表层 PHC 含量是高还是低,
PHC 的底层含量均高于表层。表明 PHC 一进入胶州湾近岸水域,便开始沉降。

图 14-2　PHC 的水域迁移过程模型框图

14.3.4　水域迁移特征

在 1980~1981 年期间,表层 PHC 的水平分布与底层的水平分布趋势揭示了
PHC 具有迅速沉降的特征,并且具有海底累积的特征。PHC 的表、底层含量变化
揭示了 PHC 的表、底层含量具有一致性以及 PHC 具有高沉降量的特征,其沉降
量的多少与含量的高低相一致。表、底层 PHC 的变化范围展示了 PHC 经过不断
的沉降,在海底具有累积作用。PHC 表、底层含量的垂直变化展示了 PHC 的表、
底层含量都相近,而且 PHC 在表层的含量几乎都低于底层。说明经过了不断的沉
降后,PHC 在海底的累积作用是很重要的,导致 PHC 含量在底层非常高。这些
就是 PHC 含量水域迁移过程的特征。

14.4　结　　论

在 1980~1981 年期间,在胶州湾水体中 PHC 含量的垂直分布变化,是由水
域迁移过程所决定的。PHC 的水域迁移过程出现 3 个阶段:从污染源把 PHC 输
出到胶州湾水域、把 PHC 输入到胶州湾水域的表层、PHC 从表层沉降到底层。

因此,在 1980~1981 年期间,表层 PHC 的水平分布与底层的水平分布趋势,
PHC 含量的表、底层变化量,以及 PHC 表、底层含量的垂直变化都充分展示了:
PHC 具有迅速沉降的特征,而且沉降量的多少与含量的高低相一致。PHC 经过了
不断的沉降,在海底具有累积作用。这些特征揭示了 PHC 的水域迁移过程。

参 考 文 献

[1] Yang D F, Zhang Y C, Zou J, et al. Contents and distribution of petroleum hydrocarbons(PHC)in Jiaozhou Bay
　　waters [J]. Open Journal of Marine Science, 2011, 1(3): 108-112.

[2] 杨东方, 孙培艳, 陈晨, 等. 胶州湾水域石油烃的分布及污染源[J]. 海岸工程, 2013, 32(1): 60-72.

[3] Yang D F, Sun P Y, Ju L, et al. Distribution and changing of petroleum hydrocarbon in Jiaozhou Bay waters[J].
　　Applied Mechanics Materials, 2014, 644-650: 5312-5315.

[4] Yang D F, Wu Y F, He H Z, et al. Vertical distribution of petroleum hydrocarbon in Jiaozhou Bay[C]. Proceedings of the International Symposium on Computers & Informatics, F, 2015.

[5] Yang D F, Wang F Y, Zhu S X, et al. Distribution and homogeneity of petroleum hydrocarbon in Jiaozhou Bay[C]. Proceedings of the 2015 International Symposium on Computers and Informatics, F, 2015.

[6] Yang D F, Sun P Y, Lian J, et al. Input features of petroleum hydrocarbon in Jiaozhou Bay[C]. Proceedings of the 2015 International Symposium on Computers and Informatics, 2015: 2647-2654.

[7] Yang D F, Gao Z H, Sun P Y, et al. Silicon limitation on primary production and its destiny in Jiaozhou Bay, China[J]. Chinese Journal of Oceanology and Limnology, 2005, 24(2): 169-175.

[8] 杨东方, 王凡, 高振会, 等. 胶州湾浮游藻类生态现象[J]. 海洋科学, 2004, 28(006): 71-74.

[9] 国家海洋局. 海洋监测规范[M]. 北京: 海洋出版社, 1991.

第15章 胶州湾水域石油的迁移规律

世界各个国家的发展，尤其是发达国家，都经过了工农业的迅猛发展，城市化的不断扩展。这个过程造成工业废水和生活污水中含有大量的PHC。PHC及其化合物属于剧毒物质，给人类和动物带来了许多疾病，使人类和动物受疾病折磨，甚至导致大量死亡。然而，PHC在日常生活中是不可或缺的重要化合物，由于长期的大量使用，且PHC化学性质稳定，不易分解，长期残留于环境中，会对环境和人类健康产生持久性的毒害作用[1-6]。因此，研究水体中PHC的迁移规律，对治理PHC污染有着非常重要的意义。

本章根据1979~1983年胶州湾水域的调查资料，在空间上，研究PHC每年在胶州湾水域的存在状况[1-6]；在时间上，研究5年期间PHC在胶州湾水域的变化过程[1-6]。通过对PHC对胶州湾海域水质的影响进行研究，展示PHC在胶州湾海域的迁移规律，为治理PHC污染的环境提供理论依据。

15.1 背 景

15.1.1 胶州湾自然环境

胶州湾位于山东半岛南部，地理位置为120°04′~120°23′E，35°58′~36°18′N，以团岛与薛家岛连线为界，与黄海相通，面积约为446km²，平均水深约为7m，是一个典型的半封闭型海湾(图15-1)。胶州湾入海的河流有十几条，其中径流量和含沙量较大的为大沽河和洋河，青岛市区的海泊河、李村河和娄山河等河流均属季节性河流，河水水文特征有明显的季节性变化[7,8]。

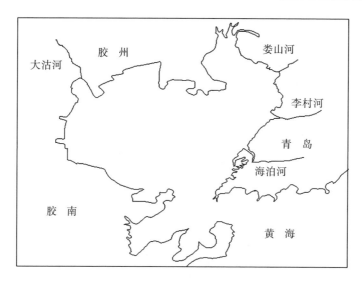

图 15-1 胶州湾地理位置

15.1.2 数据来源与方法

本书所使用的调查数据由国家海洋局北海环境监测中心提供。按照国家标准方法进行胶州湾水体 PHC 的调查,该方法被收录在国家的《海洋监测规范》中[9]。

在 1979 年 5 月和 8 月,1980 年在 6 月、7 月、9 月和 10 月,1981 年 4 月、8 月和 11 月,1982 年 4 月、6 月、7 月和 10 月,1983 年 5 月、9 月和 10 月,进行胶州湾水体 PHC 的调查[1-6]。以每年 4 月、5 月、6 月代表春季,7 月、8 月、9 月代表夏季,10 月、11 月、12 月代表秋季。

15.2 研 究 结 果

15.2.1 1979 年研究结果

根据 1979 年 5 月和 8 月胶州湾水域的调查资料,对 PHC 在胶州湾水域的分布、来源和季节变化进行分析。研究结果表明,在这一年中,PHC 含量在整个胶州湾水域,都达到了国家三类海水水质标准,夏季胶州湾水域 PHC 的污染较重,而春季污染较轻。在胶州湾东北部水域 PHC 的含量在春季超过了国家三类海水水质标准,在夏季超过了国家四类海水水质标准。在东北部近岸水域,PHC 的含量变化有梯度形成:从高到低呈下降趋势,说明胶州湾水域中的 PHC 主要来源于工业废水和生活污水的排放。

15.2.2 1980 年研究结果

根据 1980 年 6 月、7 月、9 月和 10 月胶州湾水域的调查资料，对 PHC 在胶州湾水域的含量变化、表、底层水平分布、垂直分布，以及季节变化进行分析。研究结果表明，在胶州湾水体中，PHC 的含量达到了国家三类海水水质标准的水域有：6 月和 9 月，在整个湾内的水域；7 月，在海泊河、李村河、娄山河和大沽河的入海口及它们之间的近岸水域；10 月，在海泊河、李村河和娄山河的入海口水域及它们之间的近岸水域。除上述水域外，在湾内的其他水域，PHC 的含量均达到了国家二类海水水质标准。在空间和时间尺度上表明，胶州湾东部和东北部的海泊河、李村河和娄山河，还有北部的大沽河，都是胶州湾 PHC 污染的主要来源。PHC 的陆地迁移过程，展示了从湾的东部、东北部和北部近岸水域到湾的其他水域(包括湾中心、湾口和湾外)，PHC 的含量呈现出从高到低的下降趋势。PHC 的水域迁移过程，展示了 PHC 表层含量迅速下降的过程及结果。表层 PHC 的水平分布和含量变化，进一步说明了河流对 PHC 的大量输送和表层 PHC 含量的迅速下降。于是，在胶州湾水体中，PHC 表、底层含量没有明显的季节变化，PHC 含量完全依赖于河流对 PHC 的大量输送。作者将河流输送的强度分为 4 个阶段，展示了河流输送 PHC 的强度变化过程。

根据 1980 年胶州湾水域的调查资料，研究 PHC 在胶州湾湾口底层水域的含量现状和水平分布。研究结果表明，6 月、7 月、9 月和 10 月，在胶州湾湾口底层水域，PHC 含量的变化范围为 0.028～0.147mg/L，符合国家二、三类海水水质标准，揭示了 PHC 经过垂直水体的效应作用，水质受到 PHC 的轻度污染。在胶州湾湾口底层水域，6 月，从湾口到湾口外侧，PHC 含量沿梯度递减。同样，9 月和 10 月，从湾口内侧到湾口外侧，PHC 含量从湾口内侧水域到湾口外侧水域沿梯度递减，而 7 月，从湾口外侧到湾口内侧，PHC 含量沿梯度递减。因此，作者提出湾口表、底层水域的物质浓度变化法则：经过了垂直水体的效应作用，无论是从湾内到湾外还是从湾外到湾内，物质浓度在不断地降低。

15.2.3 1981 年研究结果

根据 1981 年 4 月、8 月和 11 月胶州湾水域的调查资料，对 PHC 在胶州湾水域的含量变化及表、底层水平分布进行分析。研究结果表明，在胶州湾水体中，PHC 的含量在一年中都达到了国家二、三、四类和超四类海水水质标准。PHC 的水平分布，展示了在整个胶州湾的近岸水域，PHC 的含量比较高，而在湾口、湾中心和湾外的水域 PHC 的含量比较低。而且，胶州湾东部和东北部的海泊河、李村河和娄山河，还有北部的大沽河，都是胶州湾 PHC 污染的主要来源。因此，需要控制河流对 PHC 的输送。

根据 1981 年 4 月、8 月和 11 月胶州湾水域的调查资料，对 PHC 在胶州湾水域的含量变化及表、底层水平分布进行分析。研究结果表明，在胶州湾水体中，PHC 的陆地迁移过程，展示了从湾的东部、东北部和北部近岸水域到湾的其他水域(包括湾中心、湾口和湾外)，PHC 的含量呈现出从高到低的下降趋势。作者将河流输送的强度分为 3 个阶段，展示了河流输送 PHC 的强度变化过程。因此，需要控制河流对 PHC 的输送。

根据 1981 年 4 月、8 月和 11 月胶州湾水域的调查资料，对 PHC 在胶州湾水域的垂直分布和季节变化进行分析。研究结果表明，在胶州湾表层水体中，PHC 含量在 4 月、8 月比较高时，表、底层的水平分布趋势是一致的。PHC 含量在 11 月比较低时，由于 PHC 不断地沉降，经过在海底的累积，表、底层的水平分布趋势是不一致的。4 月、8 月和 11 月，PHC 的表、底层含量都相近。而且从 4 月 PHC 含量在上升，到 8 月 PHC 含量达到最高值，然后 PHC 含量开始下降，到 11 月达到最低值，而且 PHC 含量高于 1mg/L 的水域，4～8 月都非常大，几乎扩展到整个胶州湾的水域，然后到 11 月此水域开始减小，变得非常小。PHC 的水域迁移过程，展示了河流对 PHC 的大量输送和表层 PHC 含量的迅速下降。

根据 1981 年胶州湾水域的调查资料，研究 PHC 在胶州湾的湾口底层水域的含量和水平分布。研究结果表明，在 4 月、8 月和 11 月，在胶州湾的湾口底层水域，PHC 含量的变化范围为 0.028～0.123mg/L，符合国家二、三类海水水质标准，揭示了 PHC 经过垂直水体的效应作用，水质受到 PHC 的轻度污染。4 月和 8 月，从湾口内侧到湾口外侧，PHC 含量沿梯度递减。而 11 月，从湾口外侧到湾口内侧，PHC 含量沿梯度递减。因此，作者提出湾口底层水域的物质含量迁移规则：经过了垂直水体的效应作用，PHC 既可来自湾内，也可来自湾外；而且，无论是从湾内到湾外还是从湾外到湾内，PHC 都要经过湾口扩散。

15.2.4　1982 年研究结果

根据 1982 年 4 月、6 月、7 月和 10 月胶州湾水域的调查资料，对 PHC 在胶州湾水域的含量、分布特征和季节变化进行分析。研究结果表明，在胶州湾水体中，PHC 的含量在一年中都符合国家二、三类海水水质标准。胶州湾西南沿岸水域、胶州湾东部和北部沿岸水域都受到了 PHC 的轻度污染。在胶州湾西南沿岸水域，随着时间变化：4 月、7 月和 10 月，PHC 含量在不断地减少。在胶州湾水域 PHC 有两个来源：一个是近岸水域，来自地表径流的输入，其输入的水体的 PHC 含量为 0.03～0.07mg/L；另一个是河流的入海口水域，来自陆地河流的输入，其输入的水体的 PHC 含量为 0.05～0.10mg/L。在胶州湾西南沿岸水域，PHC 在水体中分布是均匀的，展示了物质在海洋中的均匀分布特征。

15.2.5 1983 年研究结果

根据 1983 年 5 月、9 月和 10 月胶州湾水域的调查资料，对 PHC 在胶州湾水域的含量、分布特征和季节变化进行分析。研究结果表明，在胶州湾水体中，PHC 的含量在一年中都符合国家二、三类海水水质标准，胶州湾水域都受到了 PHC 的轻度污染。在胶州湾水域 PHC 有两个来源：一个是近岸水域，来自地表径流的输入为 0.04～0.12mg/L；另一个是河流的入海口水域，来自陆地河流的输入为 0.03～0.08mg/L。表明 PHC 的污染源不仅是点污染源，而且也是面污染源。胶州湾的沿岸陆地上和河流中都已经受到了 PHC 的轻度污染，并且给胶州湾带来了轻度污染。在胶州湾水域，PHC 在水体中分布是均匀的，展示了物质在海洋中的均匀分布特征，同时，PHC 含量在湾口有一个低值区域，揭示了在胶州湾的湾口水域，水流具有 PHC 含量的低值性。

15.3 石油的产生与消亡过程

15.3.1 含量的年份变化

根据 1979～1983 年胶州湾水域的调查资料，研究 PHC 在胶州湾水域的含量、年份变化和季节变化。研究结果表明，在 1979～1983 年期间，在早期的春季、夏季胶州湾受到 PHC 的重度污染，而到了晚期，春季、夏季胶州湾受到 PHC 的轻度污染；在秋季，胶州湾一直保持受到 PHC 的轻度污染。说明人类向环境中排放 PHC 在春季、夏季非常多，而在秋季排放较少。在胶州湾水体中 PHC 的含量逐年在振荡中降低，而且含量降低的幅度在春季、夏季比较大，而在秋季降低的幅度很小，几乎没有变化。展示了在 1979～1983 年期间，虽然工农业迅速发展，石油也大量需要，但是人类还是逐年在减少 PHC 的排放，而且在秋季 PHC 排放依然很少。因此，1979～1983 年，胶州湾受到 PHC 的污染在减少，水质在变好。向胶州湾排放的 PHC 在减少，使得胶州湾水域的 PHC 逐渐接近背景值。

15.3.2 污染源变化过程

根据 1979～1983 年胶州湾水域的调查资料，分析 PHC 在胶州湾水域的水平分布和污染源变化，确定在胶州湾水域 PHC 污染源的位置、范围、类型和变化特征及变化过程。研究结果表明，在 1979～1983 年期间，在胶州湾水体中，PHC 来源于河流，即 PHC 的高含量污染源来自海泊河、李村河和娄山河，其 PHC 含量的范围为 0.10～1.10mg/L。表明河流是输送 PHC 的运载工具，同时，河流也先受到 PHC 的污染。PHC 的污染源的变化过程出现两个阶段：在 1979～1981 年，PHC 的污染源为重度污染源；在 1982～1983 年，PHC 的污染源为轻度污染源。可用模型框图来展示 PHC 污染源的变化过程。在这个变化过程中，PHC 污染源的含量、水平分布和污染源程度都发生了变化。然而，唯一不变的是 PHC 的输入方式：河流。表明无论 PHC 是高含量还是低含量，输送 PHC 的依然是河流。那么，作者认为，牢牢抓住河流 PHC 含量的变化，既可以知道人类向环境排放的 PHC 的多少，又可以知道河流带来的 PHC 对于下游的污染程度和范围。因此，一定要密切监测河流水体中的 PHC 含量，对人类排放 PHC 提出警告，并对下游的污染程度和范围进行预测。

15.3.3　陆地迁移过程

根据 1979～1983 年胶州湾水域的调查资料，分析在胶州湾水域 PHC 的季节变化和月降水量变化。研究结果表明，在时空分布上，整个胶州湾水域，PHC 含量的季节变化由以河流的流量为基础并且以人类活动为叠加决定。这样，就展示了河流的流量和人类活动共同决定河流的 PHC 含量，出现了在不同季节的 PHC 含量的高峰值和低谷值。胶州湾沿岸水域的 PHC 含量变化，展示了 PHC 的陆地迁移过程：PHC 含量变化由胶州湾附近盆地的降水量所决定。因此，在胶州湾水体中 PHC 含量的季节变化，是由 PHC 的陆地迁移过程所决定的。PHC 的陆地迁移过程分为 3 个阶段：人类对 PHC 的使用、PHC 沉积于土壤和地表中、河流和地表径流把 PHC 输入海洋的近岸水域。这可用模型框图来表示，展示了 PHC 从使用迁移到陆地是由人类活动决定的，然而，从陆地迁移到海洋是由降水量决定的。

15.3.4　沉降过程

根据 1980～1981 年胶州湾水域的调查资料，分析在胶州湾水域 PHC 的底层分布变化。研究结果表明，在胶州湾的底层水体中，底层分布具有以下特征：在 1980～1981 年期间，在胶州湾的底层水体中，4～11 月（缺少 5 月），PHC 含量的变化范围为 0.028～0.147mg/L，符合国家一、二和三类海水水质标准，水质受到 PHC 的轻度污染。PHC 含量经过了垂直水体的效应作用，呈现了在胶州湾的湾口底层水域 PHC 含量的低值变化范围比较稳定，变化比较小。PHC 含量几乎没有季节变化，PHC 含量高值及 PHC 含量低值都没有季节变化。表明人类的污染带来的 PHC 大于河流输送的季节变化的 PHC 含量。故人类在 PHC 方面污染还是严重的。从湾口内侧到湾口外侧，无论是沿梯度递减还是递增，PHC 含量都形成了一系列不同梯度的平行线。4 月和 8 月，从湾口内侧到湾口外侧，PHC 含量沿梯度递减，而 11 月，从湾口外侧到湾口内侧，PHC 含量沿梯度递减，展示了 PHC 的沉降过程。PHC 的沉降过程展示了 PHC 在时空变化中的迁移路径。

15.3.5　水域迁移过程

根据 1980～1981 年胶州湾水域的调查资料，分析在胶州湾水域 PHC 的垂直分布。作者提出了 PHC 的水域迁移过程，PHC 的水域迁移过程出现 3 个阶段：从污染源把 PHC 输出到胶州湾水域、把 PHC 输入到胶州湾水域的表层、PHC 从表层沉降到底层。在 1980～1981 年期间，PHC 含量的表、底层水平分布趋势和 PHC 的表、底层变化量以及 PHC 含量的表、底层垂直变化都充分展示了：PHC 含量具有迅速沉降的特征，而且沉降量的多少与含量的高低相一致。PHC 经过不断的沉降，在海底具有累积作用。这些特征揭示了 PHC 的水域迁移过程。

15.4　石油的迁移规律

15.4.1　石油的空间迁移

1979～1983 年对胶州湾海域水体中 PHC 的调查分析[1-6]，展示了每年的研究结果具有以下规律。

(1)通过人类对 PHC 的使用，胶州湾水域中的 PHC 主要来源于河流的输送。

(2)PHC 在胶州湾水域的含量变化，是通过相应时间段河流输送多少 PHC 来决定的。

(3)河流的流量和人类活动共同决定河流的 PHC 含量。

(4)PHC 含量变化由胶州湾附近盆地的降水量和人类排放 PHC 的多少决定。

(5)从污染源把 PHC 输出到胶州湾水域、把 PHC 输入到胶州湾水域的表层、PHC 从表层沉降到底层。

(6)PHC 的表、底层含量都接近，水体的垂直断面 PHC 含量也分布均匀。

(7)表、底层的 PHC 含量水平分布趋势随着月份的变化从一致转变为相反。

(8)胶州湾水体中的 PHC 来自点污染源。

(9)PHC 来源迁移包括陆地来源迁移和海洋水流来源迁移。

(10)人类的污染带来的 PHC 含量大于河流输送的季节变化带来的 PHC 含量。

(11)在 PHC 有污染源的情况下，在河口近岸水域 PHC 含量高，远离岸线，浓度逐渐降低。

(12)PHC 含量几乎没有季节变化，PHC 含量高值及 PHC 含量低值都没有季节变化。

(13) PHC 具有迅速沉降的特征，而且沉降量的多少与含量的高低相一致。

(14) PHC 经过不断的沉降，在海底具有累积作用。

(15) PHC 的含量呈现出污染、净化、又污染、又净化的反复循环过程。

因此，随着空间的变化，以上研究结果揭示了水体中 PHC 的迁移规律。

15.4.2　石油的时间迁移

1979～1983 年对胶州湾海域水体中 PHC 的调查分析[1-6]，展示了 5 年期间的研究结果：在胶州湾水体中 PHC 含量在一年期间变化非常大。人类逐年在减少 PHC 的排放，而且在秋季 PHC 排放依然很少，展示了 PHC 含量的年份变化。胶州湾沿岸水域的 PHC 含量变化，展示了 PHC 污染源的变化过程。人类对 PHC 的大量使用，展示了 PHC 的陆地迁移过程：河流的流量和人类排放共同决定河流的 PHC 含量。PHC 的沉降过程，展示了 PHC 在时空变化中的迁移路径。通过分析不同时空区域 PHC 的垂直分布，提出了 PHC 的水域迁移过程，阐明了 PHC 垂直分布的规律及原因。

因此，随着时间的变化，以上研究结果揭示了水体中 PHC 的迁移过程。

15.5　结　　论

根据 1979～1983 年胶州湾水域的调查资料，在空间尺度上，通过对每年 PHC 的数据进行分析，从含量、水平分布、垂直分布和季节分布的角度，研究 PHC 在胶州湾海域的来源、水质、分布以及迁移状况，得到了许多迁移规律。根据 1979～1983 年胶州湾水域的调查资料，在时间尺度上，通过对 1979～1983 年 PHC 数据的探讨，研究 PHC 在胶州湾水域的变化过程，得到了以下研究结果：①含量的年份变化；②污染源变化过程；③陆地迁移过程；④沉降过程；⑤水域迁移过程。这些规律和变化过程为研究 PHC 在水体中的迁移提供坚实的理论依据，也为其他重金属在水体中的迁移研究给予启迪。

在工业、农业、城市生活的迅速发展中，人类大量使用了 PHC，进而造成了一定程度的污染。一方面，PHC 污染了生物，在一切生物体内累积，而且，通过食物链的传递，进行富集放大，最后连人类自身都受到 PHC 毒性的危害。另一方面，PHC 污染了环境，经过河流和地表径流输送，污染了陆地、江、河、湖泊和海洋，最后污染了人类生活的环境，危害了人类的健康。因此，人类不能为了自己的利益，既危害了地球上其他生命，反过来又危害到自身的生命。人类要减少对赖以生存的地球排放 PHC，为环境保护和可持续发展助力。

参 考 文 献

[1] Yang D F, Zhang Y C, Zou J, et al. Contents and distribution of petroleum hydrocarbons（PHC）in Jiaozhou Bay waters[J]. Open Journal of Marine Science, 2011, 1（3）: 108-112.

[2] 杨东方, 孙培艳, 陈晨, 等. 胶州湾水域石油烃的分布及污染源[J]. 海岸工程, 2013, 32（1）: 60-72.

[3] Yang D F, Sun P Y, Ju L, et al. Distribution and changing of petroleum hydrocarbon in Jiaozhou Bay waters[J]. Applied Mechanics Materials, 2014, 644-650: 5312-5315.

[4] Yang D F, Sun P Y, Lian J, et al. Input features of petroleum hydrocarbon in Jiaozhou Bay[C]. Proceedings of the 2015 International Symposium on Computers and Informatics, 2015: 2647-2654.

[5] Yang D F, Wang F Y, Zhu S X, et al. Distribution and homogeneity of petroleum hydrocarbon in Jiaozhou Bay[C]. Proceedings of the 2015 International Symposium on Computers and Informatics, F, 2015.

[6] Yang D F, Wu Y F, He H Z, et al. Vertical distribution of petroleum hydrocarbon in Jiaozhou Bay[C]. Proceedings of the International Symposium on Computers & Informatics, F, 2015.

[7] 杨东方, 王凡, 高振会, 等. 胶州湾浮游藻类生态现象[J]. 海洋科学, 2004, 28（006）: 71-74.

[8] Yang D F, Gao Z H, Sun P Y, et al. Silicon limitation on primary production and its destiny in Jiaozhou Bay，China[J]. Chinese Journal of Oceanology and Limnology, 2005, 24（2）: 169-175.

[9] 国家海洋局. 海洋监测规范[M]. 北京: 海洋出版社, 1991.

第16章 胶州湾石油的来源只有一个——河流

随着工农业的迅速发展，许多含有石油(PHC)的产品不断地涌现，在制造和运输产品的过程中，产生了大量含 PHC 的废水，随着河流的挟带，PHC 向大海迁移[1-5]，这个过程严重威胁人类健康。因此，研究近海的 PHC 污染程度和污染源[1-5]，可以为保护海洋环境、维持生态可持续发展提供重要帮助。本章根据 1984 年的调查资料，对胶州湾水体中 PHC 的含量、水平分布以及来源进行分析，研究胶州湾水体中 PHC 的水质、来源和来源量，为对胶州湾水域 PHC 的来源和污染程度进行综合分析提供科学背景，并且为环境的控制和改善提供理论依据。

16.1 背　　景

16.1.1 胶州湾自然环境

胶州湾位于山东半岛南部，地理位置为 120°04′~120°23′E，35°58′~36°18′N，以团岛与薛家岛连线为界，与黄海相通，面积约为 446km²，平均水深约为 7m，是一个典型的半封闭型海湾。胶州湾入海的河流有十几条，其中径流量和含沙量较大的为大沽河和洋河，青岛市区的海泊河、李村河和娄山河等河流均属季节性河流，河水水文特征有明显的季节性变化[6,7]。

16.1.2 材料与方法

本书所使用的 1984 年 7 月、8 月和 10 月胶州湾水体 PHC 的调查资料由国家海洋局北海环境监测中心提供。7 月、8 月和 10 月，在胶州湾水域设 6 个站位取表、底层水样：2031、2032、2033、2034、2035、2047(图 16-1)。分别于 1984 年 7 月、8 月和 10 月 3 次进行取样，根据水深取水样(大于 10m 时取表层和底层，小于 10m 时只取表层)，进行调查采样。按照国家标准方法进行胶州湾水体 PHC 的调查，该方法被收录在国家的《海洋监测规范》中[8]。

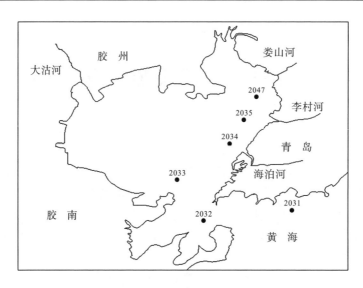

图 16-1   1984 年胶州湾调查站位

16.2   石油的含量及分布

16.2.1   含量

7 月、8 月和 10 月，胶州湾东北部沿岸水域 PHC 含量比较高，南部沿岸水域 PHC 含量比较低。7 月，胶州湾水域 PHC 含量为 0.05～0.06mg/L，已经超过国家一、二类海水水质标准 (0.05mg/L)，符合国家三类海水水质标准 (0.30mg/L)。8 月，胶州湾水域 PHC 含量为 0.09～0.16mg/L，符合国家三类海水水质标准 (0.30mg/L)。10 月，胶州湾水域 PHC 含量为 0.01～0.05mg/L，符合国家一、二类海水水质标准 (0.05mg/L)。

7 月、8 月和 10 月，PHC 在胶州湾水体中的含量为 0.01～0.16mg/L，都符合国家一、二类海水水质标准 (0.05mg/L) 和三类海水水质标准 (0.30mg/L)。表明在 PHC 含量方面，7 月、8 月和 10 月，在胶州湾整个水域，水质受到 PHC 的轻度污染 (表 16-1)。

表 16-1   1984 年 7 月、8 月和 10 月胶州湾表层水质

项目	7 月	8 月	10 月
海水中 PHC 含量/(mg/L)	0.05～0.06	0.09～0.16	0.01～0.05
国家海水水质标准	三类海水	三类海水	一、二类海水

16.2.2 表层水平分布

7月，在胶州湾东部，在海泊河入海口近岸水域的 2034 站位，PHC 的含量较高，为 0.06mg/L，以东部近岸水域为中心形成了 PHC 的高含量区，从湾的北部到南部，PHC 含量等值线形成了一系列不同梯度的半个同心圆。PHC 从中心的高含量(0.06mg/L)沿梯度递减到湾南部湾口水域的 0.05mg/L，甚至到湾外水域的 0.05mg/L(图 16-2)。

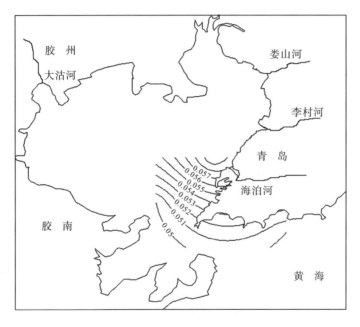

图 16-2 7月表层 PHC 的分布(mg/L)

8月，在胶州湾东北部，在娄山河入海口近岸水域的 2047 站位，PHC 的含量较高，为 0.16mg/L，以东北部近岸水域为中心形成了 PHC 的高含量区，PHC 含量等值线形成了一系列不同梯度的半个同心圆。PHC 从中心的高含量(0.16mg/L)沿梯度递减到李村河入海口近岸水域的 0.09mg/L。

10月，在胶州湾东北部，在娄山河入海口近岸水域的 2047 站位，PHC 的含量较高，为 0.05mg/L，以东北部近岸水域为中心形成了 PHC 的高含量区，PHC 含量等值线形成了一系列不同梯度的半个同心圆。PHC 从中心的高含量(0.05mg/L)沿梯度递减到湾南部湾口水域的 0.01mg/L，甚至到湾外水域的 0.01mg/L(图 16-3)。

图 16-3　10 月表层 PHC 的分布(mg/L)

16.3　石油的唯一来源

16.3.1　水质

7 月、8 月和 10 月，PHC 在胶州湾水体中的含量为 0.01～0.16mg/L，都符合国家一、二类海水水质标准(0.05mg/L)和三类海水水质标准(0.30mg/L)。表明在 PHC 含量方面，7 月、8 月和 10 月，在胶州湾水域，水质受到 PHC 的轻度污染。

7 月，PHC 在胶州湾水体中的含量为 0.05～0.06mg/L，胶州湾水域受到 PHC 的轻度污染。在胶州湾，以海泊河入海口的近岸水域为界限水域。从此界限水域到湾东北部沿岸水域，PHC 含量的变化范围为大于等于 0.06mg/L，表明在 PHC 含量方面，此水域的水质达到了国家三类海水水质标准，水质受到了 PHC 的轻度污染。从此界限水域到湾南部沿岸水域一直到湾口水域，PHC 含量的变化范围为 0.05～0.06mg/L，在 PHC 含量方面，达到了国家三类海水水质标准，水质受到了 PHC 的轻度污染。从湾口水域到湾外水域，PHC 的含量变化范围为小于等于 0.05mg/L，表明在 PHC 含量方面，此水域的水质达到了国家一、二类海水水质标准，水质没有受到 PHC 的污染。

8 月，PHC 在胶州湾水体中的含量为 0.09～0.16mg/L，胶州湾水域受到 PHC 的轻度污染。在胶州湾，从娄山河入海口的近岸水域到李村河入海口的近岸水域，PHC 含量的变化范围为 0.09～0.16mg/L，表明在 PHC 含量方面，湾内水质达到了国家三类海水水质标准，水质受到了 PHC 的轻度污染。

10 月，PHC 在胶州湾水体中的含量为 0.01～0.05mg/L，胶州湾水域没有受到 PHC 的污染。在胶州湾，从娄山河入海口的近岸水域一直到湾口水域，甚至到湾外水域，PHC 含量的变化范围为 0.01～0.05mg/L，表明在 PHC 含量方面，整个胶州湾的湾内及湾外水质都达到了国家一、二类海水水质标准，水质没有受到 PHC 的污染。

因此，7 月、8 月和 10 月，胶州湾东北部沿岸水域 PHC 含量比较高，南部沿岸水域 PHC 含量比较低。7 月，从湾东北部沿岸水域到海泊河入海口的近岸水域，水质受到了 PHC 的轻度污染。从海泊河入海口的近岸水域到湾外水域，水质没有受到 PHC 的污染。8 月，从娄山河入海口的近岸水域到李村河入海口的近岸水域，PHC 含量比较高，水质受到了 PHC 的轻度污染。10 月，整个胶州湾水域都没有受到 PHC 的污染。

16.3.2 河流来源

7 月，在胶州湾东部的水体中，在海泊河入海口的近岸水域，形成了 PHC 的高含量区，表明 PHC 的来源是河流的输送，其 PHC 含量为 0.06mg/L。而且输送量是保持不变的，使得湾南部的湾口水域和湾外水域都保持了较高含量(0.05mg/L)。

8 月，在胶州湾东北部的水体中，在娄山河入海口的近岸水域，形成了 PHC 的高含量区，表明 PHC 的来源是河流的输送，其 PHC 含量为 0.16mg/L。而且输送的量非常高。

10 月，在胶州湾东北部的水体中，在娄山河入海口的近岸水域，形成了 PHC 的较高含量区，表明 PHC 的来源是河流的较大量输送，其 PHC 含量为(0.05mg/L)。而且输送的量在减少，使得湾南部的湾口水域和湾外水域 PHC 含量都降低了许多，为 0.01mg/L。

胶州湾水域 PHC 只有一个来源，就是河流的输送。来自海泊河河流输送的 PHC 含量为 0.06mg/L，来自娄山河河流输送的 PHC 含量为 0.05～0.16mg/L。因此，娄山河河流给胶州湾输送的 PHC 含量都超过国家一、二类海水水质标准(0.05mg/L)，符合国家三类海水水质标准(0.30mg/L)；海泊河河流给胶州湾输送的 PHC 含量都超过国家一、二类海水水质标准(0.05mg/L)，符合国家三类海水水质标准(0.30mg/L)。表明河流受到 PHC 的轻度污染(表 16-2)。

表 16-2　1984 年胶州湾不同河流来源的 PHC 含量

来源	海泊河河流的输送	娄山河河流的输送
PHC 含量/(mg/L)	0.06	0.05～0.16

16.4　结　　论

　　7月、8月和10月，PHC在胶州湾水体中的含量为0.01～0.16mg/L，都符合国家一、二类海水水质标准(0.05mg/L)和三类海水水质标准(0.30mg/L)。表明在PHC含量方面，7月、8月和10月，在胶州湾水域，水质受到PHC的轻度污染。

　　胶州湾水域PHC只有一个来源，是河流的输送。来自海泊河河流输送的PHC含量为0.06mg/L，来自娄山河河流输送的PHC含量为0.05～0.16mg/L。表明河流均受到PHC的轻度污染。

　　由此认为，胶州湾的周围陆地受到PHC的污染，导致河流受到了轻度污染。因此，人类需要减少对PHC的排放，以此减少PHC对河流和海洋的污染。

参 考 文 献

[1] Yang D F, Zhang Y C, Zou J, et al. Contents and distribution of petroleum hydrocarbons (PHC) in Jiaozhou Bay waters[J]. Open Journal of Marine Science, 2011, 1(3): 108-112.

[2] 杨东方, 孙培艳, 陈晨, 等. 胶州湾水域石油烃的分布及污染源[J]. 海岸工程, 2013, 32(1): 60-72.

[3] Yang D F, Sun P Y, Lian J, et al. Input features of petroleum hydrocarbon in Jiaozhou Bay[C]. Proceedings of the 2015 International Symposium on Computers and Informatics, 2015: 2647-2654.

[4] Yang D F, Wang F Y, Zhu S X, et al. Distribution and homogeneity of petroleum hydrocarbon in Jiaozhou Bay[C]. Proceedings of the 2015 International Symposium on Computers and Informatics, F, 2015.

[5] Yang D F, Wu Y F, He H Z, et al. Vertical distribution of petroleum hydrocarbon in Jiaozhou Bay[C]. Proceedings of the International Symposium on Computers & Informatics, F, 2015.

[6] 杨东方, 王凡, 高振会, 等. 胶州湾浮游藻类生态现象[J]. 海洋科学, 2004, 28(006): 71-74.

[7] Yang D F, Gao Z H, Sun P Y, et al. Silicon limitation on primary production and its destiny in Jiaozhou Bay, China [J]. Chinese Journal of Oceanology and Limnology, 2005, 24(2): 169-175.

[8] 国家海洋局. 海洋监测规范[M]. 北京: 海洋出版社, 1991.

第17章　胶州湾的石油污染由湾内到湾外扩展

石油是一种黏稠的深褐色液体，地壳上层部分地区有石油储存，其是各种烷烃、环烷烃、芳香烃的混合物。石油是汽车、飞机、潜艇、坦克等许多设备的燃料，是工农业发展的重要能源。于是，产生了大量含有 PHC 的污染物，随着河流的挟带，PHC 向大海迁移[1-5]。因此，本章根据 1985 年的调查资料，对胶州湾水体中 PHC 的含量、水平分布以及来源进行分析，研究胶州湾水体中 PHC 的水质、来源和来源量，确定胶州湾水域 PHC 的来源及污染程度，为保护海洋环境、维持生态可持续发展提供科学理论依据。

17.1　背　　景

17.1.1　胶州湾自然环境

胶州湾位于山东半岛南部，地理位置为 120°04′~120°23′E，35°58′~36°18′N，以团岛与薛家岛连线为界，与黄海相通，面积约为 446km²，平均水深约为 7m，是一个典型的半封闭型海湾。胶州湾入海的河流有十几条，其中径流量和含沙量较大的为大沽河和洋河，青岛市区的海泊河、李村河和娄山河等河流均属季节性河流，河水水文特征有明显的季节性变化[6,7]。

17.1.2　材料与方法

本书所使用的 1985 年 4 月、7 月和 10 月胶州湾水体 PHC 的调查资料由国家海洋局北海环境监测中心提供。4 月、7 月和 10 月，在胶州湾水域设 6 个站位取表、底层水样：2031、2032、2033、2034、2035、2047（图 17-1）。分别于 1985 年 4 月、7 月和 10 月 3 次进行取样，根据水深取水样（大于 10m 时取表层和底层，小于 10m 时只取表层），进行调查采样。按照国家标准方法进行胶州湾水体 PHC 的调查，该方法被收录在国家的《海洋监测规范》中[8]。

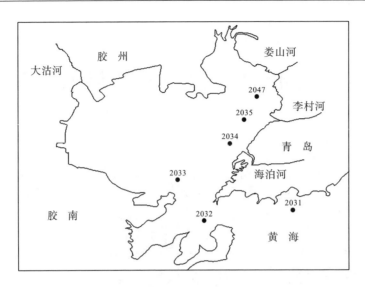

图 17-1　1985 年胶州湾调查站位

17.2　石油的含量及分布

17.2.1　含量

国家提出了 PHC 含量在海域中的国家一、二类海水水质标准(0.05mg/L)和国家三类海水水质标准(0.30mg/L)。

1985 年 4 月、7 月和 10 月，在胶州湾水域 PHC 含量为 0.010～0.124mg/L，符合国家一、二、三类海水水质标准。4 月，胶州湾水域 PHC 含量为 0.025～0.064mg/L，符合一、二、三类海水水质标准。7 月，胶州湾水域 PHC 含量为 0.059～0.124mg/L，符合国家三类海水水质标准。10 月，胶州湾水域 PHC 含量为 0.010～0.121mg/L，符合国家一、二、三类海水水质标准。因此，4 月、7 月和 10 月，PHC在胶州湾水体中的含量为 0.010～0.124mg/L，符合国家一、二、三类海水水质标准。表明在 PHC 含量方面，4 月、7 月和 10 月，在胶州湾整个水域，水质受到PHC 的中度污染(表 17-1)。

表 17-1　1985 年 4 月、7 月和 10 月胶州湾表层水质

项目	4 月	7 月	10 月
海水中 PHC 含量/(mg/L)	0.025～0.064	0.059～0.124	0.010～0.121
国家海水水质标准	一、二、三类海水	三类海水	一、二、三类海水

17.2.2 表层水平分布

4 月，在胶州湾东北部，在李村河入海口近岸水域的 2035 站位，PHC 的含量达到较高，为 0.064mg/L，以东北部近岸水域为中心形成了 PHC 的高含量区，从湾的北部到南部 PHC 含量等值线形成了一系列不同梯度的平行线。PHC 从中心的高含量(0.064mg/L)沿梯度递减到湾南部湾口水域的 0.031mg/L，甚至到湾外水域的 0.025mg/L(图 17-2)。

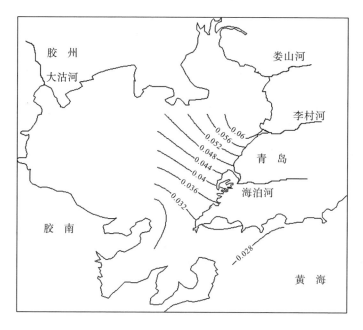

图 17-2 4 月表层 PHC 的分布(mg/L)

7 月，在胶州湾东部，在海泊河入海口近岸水域的 2034 站位，PHC 的含量较高，为 0.124mg/L，以东部近岸水域为中心形成了 PHC 的高含量区，从湾的北部到南部 PHC 含量等值线形成了一系列不同梯度的平行线。PHC 从中心的高含量(0.124mg/L)沿梯度递减到湾南部湾口水域的 0.060mg/L，甚至到湾外水域的 0.059mg/L(图 17-3)。

10 月，在胶州湾东北部，在李村河入海口近岸水域的 2035 站位，PHC 的含量较高，为 0.121mg/L，以东北部近岸水域为中心形成了 PHC 的高含量区，从湾的北部到南部 PHC 含量等值线形成了一系列不同梯度的平行线。PHC 从中心的高含量(0.121mg/L)沿梯度递减到湾南部湾口水域的 0.010mg/L(图 17-4)。

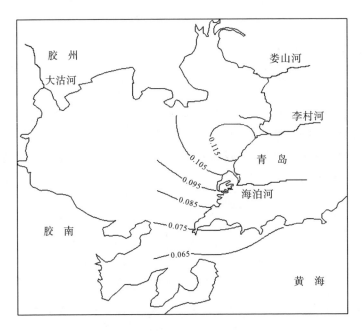

图 17-3　7 月表层 PHC 的分布(mg/L)

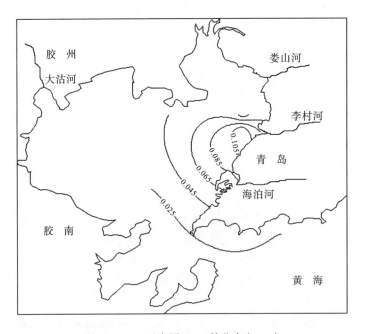

图 17-4　10 月表层 PHC 的分布(mg/L)

17.3　石油污染由湾内到湾外扩展

17.3.1　水质

1985 年 4 月、7 月和 10 月,PHC 在胶州湾水体中的含量为 0.010~0.124mg/L,都符合国家一、二类海水水质标准(0.05mg/L)和三类海水水质标准(0.30mg/L)。表明在 PHC 含量方面,4 月、7 月和 10 月,在胶州湾水域,水质受到 PHC 的中度污染。

4 月,PHC 在胶州湾水体中的含量为 0.025~0.064mg/L,胶州湾水域受到 PHC 的轻度污染。在胶州湾,海泊河入海口的近岸水域到湾东北部沿岸水域,PHC 含量的变化范围为 0.054~0.064mg/L,表明在 PHC 含量方面,此水域的水质达到了国家三类海水水质标准,水质受到了 PHC 的轻度污染。从海泊河入海口的近岸水域一直到湾口水域,甚至到湾外水域,PHC 含量的变化范围为 0.025~0.031mg/L,表明在 PHC 含量方面,此水域的水质达到了国家一、二类海水水质标准,水质没有受到 PHC 的污染。

7 月,PHC 在胶州湾水体中的含量为 0.059~0.124mg/L,胶州湾水域受到 PHC 的中度污染。在胶州湾,从海泊河入海口的近岸水域到湾东北部沿岸水域,PHC 含量的变化范围为 0.101~0.124mg/L,表明在 PHC 含量方面,此水域的水质达到了国家三类海水水质标准,水质受到了 PHC 的中度污染。从海泊河入海口的近岸水域一直到湾口水域,甚至到湾外水域,PHC 含量的变化范围为 0.059~0.079mg/L,表明在 PHC 含量方面,此水域的水质达到了国家三类海水水质标准,水质受到了 PHC 的轻度污染。

10 月,PHC 在胶州湾水体中的含量为 0.010~0.121mg/L,胶州湾水域受到 PHC 的中度污染。在胶州湾,从海泊河入海口的近岸水域到李村河入海口的近岸水域,PHC 含量的变化范围为 0.108~0.121mg/L,表明在 PHC 含量方面,此水域的水质达到了国家三类海水水质标准,水质受到了 PHC 的中度污染。从海泊河入海口的近岸水域到湾东北部沿岸水域为水域 A,从海泊河入海口的近岸水域一直到湾口水域甚至到湾外水域,此水域为水域 B,那么在水域 A 和水域 B,PHC 含量的变化范围为 0.010~0.033mg/L,表明在 PHC 含量方面,此水域的水质达到了国家一、二类海水水质标准,水质没有受到 PHC 的污染。

因此,4 月、7 月和 10 月,胶州湾东北部沿岸水域 PHC 含量比较高,而南部沿岸水域 PHC 含量比较低。胶州湾的湾内水域 PHC 含量比较高,而胶州湾的湾外水域 PHC 含量比较低。4 月,从湾东北部沿岸水域到海泊河入海口的近岸水域,水质受到了 PHC 的轻度污染。从海泊河入海口的近岸水域到湾外水域,水质没有受到 PHC 的污染。7 月，从湾东北部沿岸水域到海泊河入海口的近岸水域，水质受到了 PHC 的中度污染。从海泊河入海口的近岸水域到湾外水域，水质受到了 PHC 的轻度污染。10 月，从海泊河入海口的近岸水域到李村河入海口的近岸水域，水质受到了 PHC 的中度污染。从海泊河入海口的近岸水域到湾东北部沿岸水域和从海泊河入海口的近岸水域到湾外水域，水质没有受到 PHC 的污染。

17.3.2　湾内来源的扩展

4 月，在胶州湾东北部的水体中，在李村河入海口的近岸水域，形成了 PHC 的高含量区，表明 PHC 的来源是河流的输送，其 PHC 含量为 0.064mg/L。输送的水体的 PHC 含量沿梯度下降，导致 PHC 含量在湾南部的湾口水域和湾外水域为 0.025～0.031mg/L。

7 月，在胶州湾东部的水体中，在海泊河入海口的近岸水域，形成了 PHC 的高含量区，表明 PHC 的来源是河流的输送，其 PHC 含量为 0.124mg/L。输送的水体的 PHC 含量沿梯度下降，导致 PHC 含量在湾南部的湾口水域和湾外水域为 0.059～0.060mg/L。

10 月，在胶州湾东北部的水体中，在李村河入海口的近岸水域，形成了 PHC 的高含量区，表明 PHC 的来源是河流的输送，其 PHC 含量为 0.121mg/L。输送的水体的 PHC 含量沿梯度下降，导致 PHC 含量在湾南部的湾口水域为 0.010mg/L。

综上所述，胶州湾水域 PHC 只有一个来源，就是河流的输送。来自海泊河河流输送的 PHC 含量为 0.124mg/L，来自李村河河流输送的 PHC 含量为 0.064～0.121mg/L。因此，李村河河流给胶州湾输送的水体的 PHC 含量都超过国家一、二类海水水质标准(0.05mg/L)，符合国家三类海水水质标准(0.30mg/L)；海泊河河流给胶州湾输送的 PHC 含量都超过国家一、二类海水水质标准(0.05mg/L)，符合国家三类海水水质标准(0.30mg/L)。表明海泊河和李村河的河流都受到 PHC 的中度污染(表 17-2)。

表 17-2　1985 年胶州湾不同河流来源的 PHC 含量

来源	海泊河河流的输送	李村河河流的输送
PHC 含量/(mg/L)	0.124	0.064～0.121

17.4　结　　论

1985 年 4 月、7 月和 10 月，PHC 在胶州湾水体中的含量为 0.010～0.124mg/L，都符合国家一、二类海水水质标准(0.05mg/L)和三类海水水质标准(0.30mg/L)。

表明在 PHC 含量方面，4 月、7 月和 10 月，在胶州湾水域，水质受到 PHC 的中度污染。

4 月、7 月和 10 月，胶州湾东北部沿岸水域 PHC 含量比较高，而南部沿岸水域 PHC 含量比较低。胶州湾的湾内水域 PHC 含量比较高，而胶州湾的湾外水域 PHC 含量比较低。

胶州湾水域 PHC 只有一个来源，是河流的输送。来自海泊河河流输送的 PHC 含量为 0.124mg/L，来自李村河河流输送的 PHC 含量为 0.064～0.121mg/L。表明河流受到 PHC 的中度污染，其中海泊河比李村河受到 PHC 的污染更严重。

由此认为，胶州湾的周围陆地受到 PHC 的严重污染，导致河流受到了中度污染。通过河流的输送，胶州湾整个水域受到 PHC 的污染比较重，但胶州湾的湾外受到 PHC 的污染比较轻。

人类需要减少使用 PHC 能源，进一步采用各种各样的绿色能源，如太阳能、风能和潮汐能等，这样，就可以减少 PHC 的排放及污染。

参 考 文 献

[1] Yang D F, Zhang Y C, Zou J, et al. Contents and distribution of petroleum hydrocarbons（PHC）in Jiaozhou Bay waters[J]. Open Journal of Marine Science, 2011, 1（3）: 108-112.

[2] 杨东方, 孙培艳, 陈晨, 等. 胶州湾水域石油烃的分布及污染源[J]. 海岸工程, 2013, 32（1）: 60-72.

[3] Yang D F, Sun P Y, Lian J, et al. Input features of petroleum hydrocarbon in Jiaozhou Bay[C]. Proceedings of the 2015 International Symposium on Computers and Informatics, 2015: 2647-2654.

[4] Yang D F, Wang F Y, Zhu S X, et al. Distribution and homogeneity of petroleum hydrocarbon in Jiaozhou Bay[C]. Proceedings of the 2015 International Symposium on Computers and Informatics, F, 2015.

[5] Yang D F, Wu Y F, He H Z, et al. Vertical distribution of petroleum hydrocarbon in Jiaozhou Bay[C]. Proceedings of the International Symposium on Computers & Informatics, F, 2015.

[6] 杨东方, 王凡, 高振会, 等. 胶州湾浮游藻类生态现象[J]. 海洋科学, 2004, 28（006）: 71-74.

[7] Yang D F, Gao Z H, Sun P Y, et al. Silicon limitation on primary production and its destiny in Jiaozhou Bay, China [J]. Chinese Journal of Oceanology and Limnology, 2005, 24（2）: 169-175.

[8] 国家海洋局. 海洋监测规范[M]. 北京: 海洋出版社, 1991.

第18章　海洋的石油污染扩展到胶州湾

随着海上石油开发与储运的迅速发展，船舶运输、海底管道、石油平台和石油储运基地的规模越来越大，海洋溢油问题日益严重。于是，在大海的水体中产生了大量含有石油(PHC)的污染物，甚至在海湾中也有大量的 PHC 污染[1-11]。因此，本章根据 1986 年的调查资料，对胶州湾水体中 PHC 的含量、水平分布以及来源进行分析，研究胶州湾水体中 PHC 的水质、来源和来源量，确定胶州湾水域 PHC 的来源及污染程度，为保护海洋环境、维持生态可持续发展提供科学理论依据。

18.1　背　　景

18.1.1　胶州湾自然环境

胶州湾位于山东半岛南部，地理位置为 120°04′~120°23′E，35°58′~36°18′N，以团岛与薛家岛连线为界，与黄海相通，面积约为 446km²，平均水深约为 7m，是一个典型的半封闭型海湾。胶州湾入海的河流有十几条，其中径流量和含沙量较大的为大沽河和洋河，青岛市区的海泊河、李村河和娄山河等河流均属季节性河流，河水水文特征有明显的季节性变化[12,13]。

18.1.2　材料与方法

本书所使用的 1986 年 4 月、7 月和 10 月胶州湾水体 PHC 的调查资料由国家海洋局北海环境监测中心提供。在 4 月、7 月和 10 月，在胶州湾水域设 6 个站位取表、底层水样：2031、2032、2033、2034、2035、2047(图 18-1)。分别于 1986 年 4 月、7 月和 10 月 3 次进行取样，根据水深取水样(大于 10m 时取表层和底层，小于 10m 时只取表层)，进行调查采样。按照国家标准方法进行胶州湾水体 PHC 的调查，该方法被收录在国家的《海洋监测规范》中[14]。

图 18-1 1986 年胶州湾调查站位

18.2 石油的含量及分布

18.2.1 含量

1986 年 4 月、7 月和 10 月，在胶州湾水域 PHC 含量为 0.005～0.122mg/L，符合国家一、二、三类海水水质标准。4 月，胶州湾水域 PHC 含量为 0.005～0.066mg/L，符合国家一、二、三类海水水质标准。7 月，胶州湾水域 PHC 含量为 0.022～0.122mg/L，符合国家一、二、三类海水水质标准。10 月，胶州湾水域 PHC 含量为 0.005～0.017mg/L，符合国家一、二类海水水质标准。因此，4 月、7 月和 10 月，PHC 在胶州湾水体中的含量为 0.005～0.122mg/L，符合国家一、二、三类海水水质标准。表明在 PHC 含量方面，4 月、7 月和 10 月，在胶州湾整个水域，水质受到 PHC 的轻度污染（表 18-1）。

表 18-1 1986 年 4 月、7 月和 10 月胶州湾表层水质

项目	4 月	7 月	10 月
海水中 PHC 含量/(mg/L)	0.005～0.066	0.022～0.122	0.005～0.017
国家海水水质标准	一、二、三类海水	一、二、三类海水	一、二类海水

18.2.2　表层水平分布

4月，在胶州湾东北部，在娄山河入海口近岸水域的2047站位，PHC的含量较高，为0.066mg/L，以东北部近岸水域为中心形成了PHC的高含量区，从湾的北部到南部PHC含量等值线形成了一系列不同梯度的平行线。PHC从中心的高含量0.066mg/L沿梯度递减到湾南部湾口水域的0.005mg/L（图18-2）。

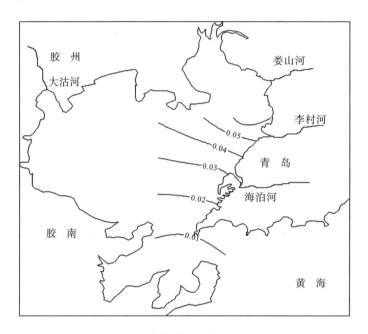

图18-2　4月表层PHC的分布（mg/L）

7月，在胶州湾湾外东部近岸水域的2031站位，PHC的含量较高，为0.122mg/L，以湾外的东部近岸水域为中心形成了PHC的高含量区，PHC含量等值线形成了一系列不同梯度的平行线。PHC从中心的高含量0.122mg/L沿梯度递减到胶州湾湾内东部近岸水域的0.22mg/L（图18-3）。

10月，在胶州湾东北部，在李村河入海口近岸水域的2035站位，PHC的含量较高，为0.017mg/L，以东北部近岸水域为中心形成了PHC的高含量区，从湾的北部到南部PHC含量等值线形成了一系列不同梯度的平行线。PHC含量从中心的高含量0.017mg/L沿梯度递减到湾南部湾口内侧水域的0.005mg/L（图18-4）。

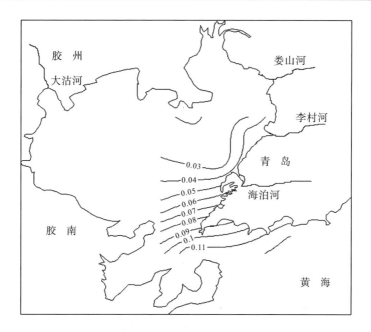

图 18-3 7 月表层 PHC 的分布(mg/L)

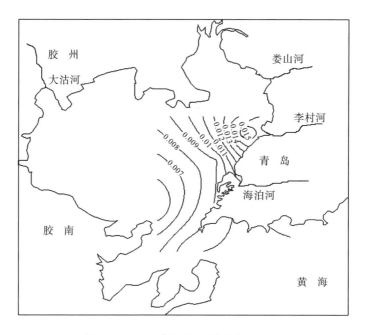

图 18-4 10 月表层 PHC 的分布(mg/L)

18.3　海洋的石油污染扩展到湾内

18.3.1　水质

1986年4月、7月和10月，PHC在胶州湾水体中的含量为0.005～0.122mg/L，都符合国家一、二类海水水质标准(0.05mg/L)和三类海水水质标准(0.30mg/L)。表明在PHC含量方面，4月、7月和10月，在胶州湾水域，水质受到PHC的轻度污染。

4月，PHC在胶州湾水体中的含量为0.005～0.066mg/L，胶州湾水域受到PHC的轻度污染。在胶州湾，从娄山河入海口的近岸水域到李村河入海口的近岸水域，这两个入海口之间的东北部沿岸水域，PHC含量的变化范围为0.053～0.064mg/L，表明在PHC含量方面此水域的水质，达到了国家三类海水水质标准，水质受到了PHC的轻度污染。从海泊河入海口的近岸水域一直到湾口水域，甚至到湾外水域，PHC含量的变化范围为0.005～0.032mg/L，表明在PHC含量方面，此水域的水质达到了国家一、二类海水水质标准，水质没有受到PHC的污染。

7月，PHC在胶州湾水体中的含量为0.022～0.122mg/L，胶州湾水域受到PHC的轻度污染。在胶州湾，从海泊河入海口的近岸水域到湾东北部沿岸水域，PHC含量的变化范围为0.022～0.043mg/L，表明在PHC含量方面，此水域的水质达到了国家一、二类海水水质标准，水质没有受到PHC的污染。从海泊河入海口的近岸水域一直到湾口水域，甚至到湾外水域，PHC含量的变化范围为0.054～0.122mg/L，表明在PHC含量方面，此水域的水质达到了国家三类海水水质标准，水质受到了PHC的轻度污染。

10月，PHC在胶州湾水体中的含量为0.005～0.017mg/L，胶州湾水域没有受到PHC的污染。在胶州湾，PHC含量的高值(0.017mg/L)远远低于PHC的国家一、二类海水水质标准(0.05mg/L)。表明此水域的水质，在PHC含量方面，不仅没有受到PHC的污染，而且非常清洁。

因此，4月，从湾东北部沿岸水域到李村河入海口的近岸水域，水质受到了PHC的轻度污染。从海泊河入海口的近岸水域到湾外水域，水质没有受到PHC的污染。7月，从湾东北部沿岸水域到海泊河入海口的近岸水域，水质没有受到PHC的污染。从海泊河入海口的近岸水域到湾外水域，水质受到PHC的轻度污染。10月，从湾内的近岸水域到湾外水域，水质都没有受到PHC的污染，而且非常清洁。

18.3.2　湾外来源的扩展

4 月，在胶州湾东北部的水体中，在娄山河入海口的近岸水域，形成了 PHC 的高含量区，表明 PHC 的来源是河流的输送，其 PHC 含量为 0.066mg/L。输送的水体的 PHC 含量沿梯度下降，导致 PHC 含量在湾南部的湾口水域和湾外水域为 0.005～0.018mg/L。

7 月，在胶州湾湾外的东部近岸水域，形成了 PHC 的高含量区(0.122mg/L)。在胶州湾水体中，从外海海域通过湾口，沿着从湾外到湾内的海流方向，PHC 含量在不断地递减，表明在胶州湾水域，PHC 的来源是外海海流的输送，其 PHC 含量为 0.122mg/L。

10 月，在胶州湾东北部的水体中，在李村河入海口的近岸水域，形成了 PHC 的高含量区，表明 PHC 的来源是河流的输送，其 PHC 含量为 0.017mg/L。输送的水体的 PHC 含量沿梯度下降，导致 PHC 含量在湾南部的湾口水域为 0.005mg/L。

胶州湾水域 PHC 有两个来源，主要是河流的输送和外海海流的输送。河流输送的水体的 PHC 含量为 0.017～0.066mg/L，外海海流输送的水体的 PHC 含量为 0.122mg/L。从河流输送的水体的 PHC 含量考虑，娄山河河流输送的水体的 PHC 含量为 0.066mg/L，李村河河流输送的水体的 PHC 含量为 0.017mg/L。

因此，娄山河河流输送给胶州湾的水体的 PHC 含量都超过国家一、二类海水水质标准(0.05mg/L)，符合国家三类海水水质标准(0.30mg/L)；外海海流输送给胶州湾的水体的 PHC 含量都超过国家一、二类海水水质标准(0.05mg/L)，符合国家三类海水水质标准(0.30mg/L)。表明娄山河河流和外海海流都受到 PHC 的轻度污染。李村河河流输送给胶州湾的水体的 PHC 含量符合国家一、二类海水水质标准(0.05mg/L)。表明李村河的河流没有受到 PHC 的污染(表 18-2)。

表 18-2　1986 年胶州湾不同来源的 PHC 含量

来源	娄山河河流的输送	外海海流的输送	李村河河流的输送
PHC 含量/(mg/L)	0.066	0.122	0.017

18.3.3　来源比较及基础本底值

胶州湾水域 PHC 有两个来源，主要是河流的输送和外海海流的输送。

4 月和 10 月，河流输送的水体的 PHC 含量为 0.017～0.066mg/L。7 月，外海海流输送的水体的 PHC 含量都为 0.122mg/L。揭示了河流输送的水体的 PHC 含量变化范围远远小于外海海流输送的水体的 PHC 含量，外海海流受到的 PHC 污染也远远大于河流受到的 PHC 污染。因此，即使近岸水域没有受到 PHC 的污染或者受到的污染比较小，海洋仍会把 PHC 的污染带到海洋的各个角落，甚至是海湾内。因此，海洋所具有的 PHC 含量对于近岸水域和海湾等任何海洋能够达到的水域都有很大的影响。

4 月，娄山河河流输送的水体的 PHC 含量为 0.066mg/L；10 月，李村河河流输送的水体的 PHC 含量为 0.017mg/L。表明河流输送的水体的 PHC 含量来自不同的月份，时间相差几乎是半年，而且来自河流输送的水体的 PHC 含量也不一样。可是在 4 月和 10 月，河流输送的水体的 PHC 含量为 0.017～0.066mg/L，输送的水体的 PHC 含量沿梯度下降，都达到最低值，为 0.005mg/L。因此，4 月和 10 月，PHC 输送的来源不同，输送的时间不同，输送的含量不同，但是，在胶州湾水域中，PHC 含量经过梯度下降，都达到最低的同一值，为 0.005mg/L。表明在胶州湾水体中 PHC 含量的基础本底值是 0.005mg/L，这个 PHC 含量值在胶州湾水体中并不随着输送的来源、时间和含量的变化而变化。

18.4　结　　论

1986 年 4 月、7 月和 10 月，PHC 在胶州湾水体中的含量为 0.005～0.122mg/L，都符合国家一、二类海水水质标准 (0.05mg/L) 和三类海水水质标准 (0.30mg/L)。表明在 PHC 含量方面，4 月、7 月和 10 月，在胶州湾水域，水质受到 PHC 的轻度污染。

4 月，胶州湾东北部沿岸水域 PHC 含量比较高，而南部沿岸水域 PHC 含量比较低。7 月，胶州湾的湾外水域 PHC 含量比较高，而胶州湾的湾内水域 PHC 含量比较低。10 月，胶州湾的湾内和湾外水域 PHC 含量都比较低。

胶州湾水域 PHC 有两个来源，主要是河流的输送和外海海流的输送。河流输送的水体的 PHC 含量为 0.017～0.066mg/L，外海海流输送的水体的 PHC 含量为 0.122mg/L。揭示了河流输送的水体的 PHC 含量变化范围远远小于外海海流输送的水体的 PHC 含量，外海海流受到的 PHC 污染也远远大于河流受到的 PHC 污染。由此认为，即使近岸水域没有受到 PHC 的污染或者受到的污染比较小，海洋也会把 PHC 污染带到海洋的各个角落，甚至是海湾内，如胶州湾。

因此，人类一定要减少对海洋的污染，海洋的污染一旦形成，整个地球上的海洋都会遭受污染，从近岸水域到外海水域甚至到大海深处都会受到污染。人类排放的一切物质都应尽可能地减少对海洋的污染。

参 考 文 献

[1] Yang D F, Zhang Y C, Zou J, et al. Contents and distribution of petroleum hydrocarbons（PHC）in Jiaozhou Bay waters[J]. Open Journal of Marine Science, 2011, 1（3）: 108-112.

[2] 杨东方, 孙培艳, 陈晨, 等. 胶州湾水域石油烃的分布及污染源[J]. 海岸工程, 2013, 32（1）: 60-72.

[3] Yang D F, Sun P Y, Ju L, et al. Distribution and changing of petroleum hydrocarbon in Jiaozhou Bay waters [J]. Applied Mechanics Materials, 2014, 644-650: 5312-5315.

[4] Yang D F, Sun P Y, Lian J, et al. Input features of petroleum hydrocarbon in Jiaozhou Bay[C]. Proceedings of the 2015 International Symposium on Computers and Informatics, 2015: 2647-2654.

[5] Yang D F, Wang F Y, Zhu S X, et al. Effects of PHC on water quality of Jiaozhou Bay Ⅰ. Annual variation of PHC content[J]. Meteorological and Environmental Research, 2015, 6（11-12）: 31-34.

[6] Yang D F, Wang F Y, Zhu S X, et al. Distribution and homogeneity of petroleum hydrocarbon in Jiaozhou Bay[C]. Proceedings of the 2015 International Symposium on Computers and Informatics, F, 2015.

[7] Yang D F, Wu Y F, He H Z, et al. Vertical distribution of petroleum hydrocarbon in Jiaozhou Bay[C]. Proceedings of the International Symposium on Computers & Informatics, F, 2015.

[8] Yang D F, Zhu S X, Wang F Y, et al. Distribution and low-value feature of petroleum hydrocarbon in Jiaozhou Bay[C]. 4th International Conference on Energy and Environmental Protection, 2015: 3784-3788.

[9] Yang D F, Wang F Y, Zhu S X, et al. Effects of PHC on water quality of Jiaozhou Bay Ⅱ. Changing process of pollution sources[J]. Meteorological and Environmental Research, 2016, 7（1）: 44-47.

[10] Yang D F, Zhu S X, Wang F Y, et al. Change laws of PHC contents in bottom waters in the bay mouth of Jiaozhou Bay[J]. Advances in Engineering Research, 2016（Part E）: 1351-1355.

[11] Yang D F, Wang F Y, Zhu S X, et al. River was the only source of PHC in Jiaozhou Bay in 1984[J]. Advances in Engineering Research, 2015: 431-434.

[12] 杨东方, 王凡, 高振会, 等. 胶州湾浮游藻类生态现象[J]. 海洋科学, 2004, 28（006）: 71-74.

[13] Yang D F, Gao Z H, Sun P Y, et al. Silicon limitation on primary production and its destiny in Jiaozhou Bay，China[J]. Chinese Journal of Oceanology and Limnology, 2005: 24（2）: 169-175.

[14] 国家海洋局. 海洋监测规范[M]. 北京: 海洋出版社, 1991.

第 19 章　石油在胶州湾的迁移路径

为了满足国内石油的需求，保障国家能源安全，健全国家石油储备体系，我国建立了国家石油储备基地。其中，在舟山、镇海、大连、黄岛、天津等沿海城市建立了国家石油储备基地。于是，这些近海水域就出现了海底石油管道、石油船舶运输、石油港口以及石油船舶停泊基地，这样不经意的石油冒、滴、漏、溢就流进了大海，在大海的水体中产生了大量含有石油(PHC)的污染物，甚至在海湾中也有大量的 PHC 污染物[1-11]。因此，本章根据 1987 年的调查资料，对胶州湾水体中 PHC 的含量、水平分布以及来源进行分析，研究胶州湾水体中 PHC 的水质、来源和来源量，确定胶州湾水域 PHC 的来源及污染程度，为保护海洋环境、维持生态可持续发展提供科学理论依据。

19.1　背　　景

19.1.1　胶州湾自然环境

胶州湾位于山东半岛南部，地理位置为 $120°04'\sim120°23'E$，$35°58'\sim36°18'N$，以团岛与薛家岛连线为界，与黄海相通，面积约为 $446km^2$，平均水深约为 $7m$，是一个典型的半封闭型海湾。胶州湾入海的河流有十几条，其中径流量和含沙量较大的为大沽河和洋河，青岛市区的海泊河、李村河和娄山河等河流均属季节性河流，河水水文特征有明显的季节性变化[12,13]。

19.1.2　材料与方法

本书所使用的 1987 年 5 月、7 月和 11 月胶州湾水体 PHC 的调查资料由国家海洋局北海环境监测中心提供。5 月、7 月和 11 月，在胶州湾水域设 6 个站位取表、底层水样：2031、2032、2033、2034、2035、2047(图 19-1)。分别于 1987 年 5 月、7 月和 11 月 3 次进行取样，根据水深取水样(大于 10m 时取表层和底层，小于 10m 时只取表层)，进行调查采样。按照国家标准方法进行胶州湾水体 PHC 的调查，该方法被收录在国家的《海洋监测规范》中[14]。

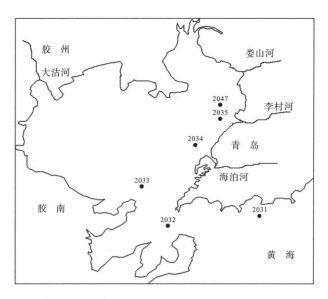

图 19-1　1987 年胶州湾调查站位

19.2　石油的含量及分布

19.2.1　含量

1987 年 5 月、7 月和 11 月，在胶州湾水域 PHC 含量为 0.014～0.091mg/L，符合国家一、二、三类海水水质标准。5 月，胶州湾水域 PHC 含量为 0.014～0.060mg/L，符合国家一、二、三类海水水质标准。7 月，胶州湾水域 PHC 含量为 0.016～0.066mg/L，符合国家一、二、三类海水水质标准。11 月，胶州湾水域 PHC 含量为 0.030～0.091mg/L，符合国家一、二、三类海水水质标准。因此，5 月、7 月和 11 月，PHC 在胶州湾水体中的含量为 0.014～0.091mg/L，符合国家一、二、三类海水水质标准。表明在 PHC 含量方面，5 月、7 月和 11 月，在胶州湾整个水域，水质受到 PHC 的轻度污染（表 19-1）。

表 19-1　1987 年 5 月、7 月和 11 月胶州湾表层水质

项目	5 月	7 月	11 月
海水中 PHC 含量/(mg/L)	0.014～0.060	0.016～0.066	0.030～0.091
国家海水水质标准	一、二、三类海水	一、二、三类海水	一、二、三类海水

19.2.2 表层水平分布

5 月，在胶州湾西南部近岸水域的 2033 站位，PHC 的含量较高，为 0.060mg/L，以西南部近岸水域为中心形成了 PHC 的高含量区，从湾的西南部到湾口 PHC 含量等值线形成了一系列不同梯度的平行线。PHC 从中心的高含量 0.060mg/L 沿梯度递减到湾南部湾口水域的 0.014mg/L，甚至到湾口外侧水域的 0.014mg/L（图 19-2）。

图 19-2　5 月表层 PHC 的分布（mg/L）

7 月，在胶州湾东北部，在娄山河入海口近岸水域的 2047 站位，PHC 的含量较高，为 0.066mg/L，以东北部近岸水域为中心形成了 PHC 的高含量区，从湾的北部到南部 PHC 含量等值线形成了一系列不同梯度的平行线。PHC 从中心的高含量 0.066mg/L 沿梯度递减到湾东北部中心水域的 0.046mg/L，到湾南部湾口水域的 0.032mg/L，甚至到湾口外侧水域的 0.016mg/L（图 19-3）。

11 月，在胶州湾西南部近岸水域的 2033 站位，PHC 的含量较高，为 0.091mg/L，以西南部近岸水域为中心形成了 PHC 的高含量区，从湾的西南部到湾口 PHC 含量等值线形成了一系列不同梯度的平行线。PHC 从中心的高含量 0.091mg/L 沿梯度递减到湾南部湾口水域的 0.048mg/L，甚至到湾口外侧水域的 0.038mg/L（图 19-4）。同时，PHC 从中心的高含量 0.091mg/L 沿梯度递减到湾北部海泊河入海口近岸水域的 0.049mg/L，甚至到湾北部李村河入海口近岸水域的 0.031mg/L（图 19-4）。

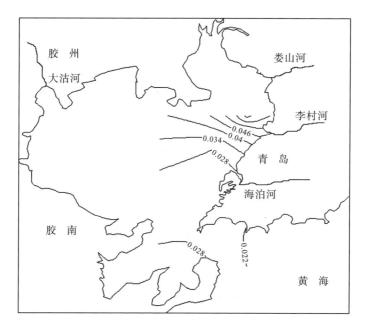

图 19-3　7 月表层 PHC 的分布(mg/L)

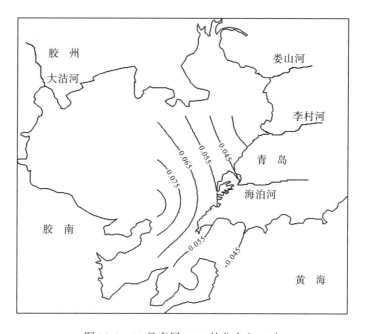

图 19-4　11 月表层 PHC 的分布(mg/L)

19.3 石油的迁移路径

19.3.1 水质

1987 年 5 月、7 月和 11 月,PHC 在胶州湾水体中的含量为 0.014～0.091mg/L,都符合国家一、二类海水水质标准(0.05mg/L)和三类海水水质标准(0.30mg/L)。表明在 PHC 含量方面,5 月、7 月和 11 月,在胶州湾水域,水质受到 PHC 的轻度污染。

5 月,PHC 在胶州湾水体中的含量为 0.014～0.060mg/L,胶州湾水域受到 PHC 的轻度污染。在胶州湾西南部的近岸水域,PHC 的含量(0.060mg/L)超过国家一、二类海水水质标准(0.05mg/L),表明在 PHC 含量方面,此水域的水质达到了国家三类海水水质标准,水质受到了 PHC 的轻度污染。从湾内水域一直到湾口水域,甚至到湾外水域,PHC 含量的变化范围为 0.014～0.032mg/L,表明在 PHC 含量方面,此水域的水质达到了国家一、二类海水水质标准,水质没有受到 PHC 的污染。

7 月,PHC 在胶州湾水体中的含量为 0.016～0.066mg/L,胶州湾水域受到 PHC 的轻度污染。在胶州湾,在娄山河入海口的近岸水域,PHC 的含量(0.066mg/L)超过国家一、二类海水水质标准(0.05mg/L),表明在 PHC 含量方面,此水域的水质达到了国家三类海水水质标准,水质受到了 PHC 的轻度污染。从李村河入海口的近岸水域一直到湾口水域,甚至到湾外水域,PHC 含量的变化范围为 0.016～0.046mg/L,表明在 PHC 含量方面,此水域的水质达到了国家一、二类海水水质标准,水质没有受到 PHC 的污染。

11 月,PHC 在胶州湾水体中的含量为 0.030～0.091mg/L,胶州湾水域受到 PHC 的轻度污染。在胶州湾西南部的近岸水域,PHC 的含量(0.091mg/L)超过国家一、二类海水水质标准(0.05mg/L),表明在 PHC 含量方面,此水域的水质达到了国家三类海水水质标准,水质受到了 PHC 的轻度污染。从湾内水域一直到湾口水域,甚至到湾外水域,PHC 含量的变化范围为 0.030～0.049mg/L,表明在 PHC 含量方面,此水域的水质达到了国家一、二类海水水质标准,水质没有受到 PHC 的污染。

因此,5 月,在胶州湾西南部的近岸水域,水质受到了 PHC 的轻度污染;从湾内水域一直到湾口水域,甚至到湾外水域,水质没有受到 PHC 的污染。7 月,在胶州湾娄山河入海口的近岸水域,水质受到了 PHC 的轻度污染;从李村河入海口的近岸水域一直到湾口水域,甚至到湾外水域,水质没有受到 PHC 的污染。11 月,在胶州湾西南部的近岸水域,水质受到了 PHC 的轻度污染;从湾内水域一直到湾口水域，甚至到湾外水域，水质没有受到 PHC 的污染。

19.3.2　不同的来源

5 月，在胶州湾西南部的近岸水域，形成了 PHC 的高含量区，表明 PHC 的来源是石油港口和石油船舶的输送，其 PHC 含量为 0.060mg/L。输送的水体的 PHC 含量沿梯度下降，导致 PHC 含量在湾南部的湾口水域和湾外水域为 0.014mg/L。

7 月，在胶州湾东北部的水体中，在娄山河入海口的近岸水域，形成了 PHC 的高含量区，表明 PHC 的来源是河流的输送，其 PHC 含量为 0.066mg/L。输送的水体的 PHC 含量沿梯度下降，导致 PHC 含量在湾南部的湾口水域和湾外水域为 0.016～0.032mg/L。

11 月，在胶州湾西南部的近岸水域，形成了 PHC 的高含量区，表明 PHC 的来源是石油港口和石油船舶的输送，其 PHC 含量为 0.091mg/L。输送的水体的 PHC 含量沿梯度下降，导致 PHC 含量在湾南部的湾口水域和湾外水域为 0.038～0.048mg/L。

胶州湾水域 PHC 有两个来源，主要是河流的输送及石油港口和石油船舶的输送。河流输送的水体的 PHC 含量为 0.066mg/L，石油港口和石油船舶输送的水体的 PHC 含量为 0.060～0.091mg/L。

因此，娄山河河流输送给胶州湾的水体的 PHC 含量超过国家一、二类海水水质标准(0.05mg/L)，符合国家三类海水水质标准(0.30mg/L)；石油港口和石油船舶输送给胶州湾的水体的 PHC 含量超过国家一、二类海水水质标准(0.05mg/L)，符合国家三类海水水质标准(0.30mg/L)。表明娄山河河流及石油港口和石油船舶都受到 PHC 的轻度污染(表 19-2)。

表 19-2　1987 年胶州湾不同来源的 PHC 含量

来源	娄山河河流的输送	石油港口和石油船舶的输送
PHC 含量/(mg/L)	0.066	0.060～0.091

19.3.3　产生来源的原因

胶州湾水域 PHC 有两个来源，主要是河流的输送及石油港口和石油船舶的输送。

5 月和 11 月，石油港口和石油船舶输送的水体的 PHC 含量为 0.060～0.091mg/L。7 月，河流输送的水体的 PHC 含量为 0.066mg/L。揭示了河流输送的水体的 PHC 含量变化范围与石油港口和石油船舶输送的水体的 PHC 含量相一致，表明河流受到的 PHC 污染与石油港口和石油船舶造成的 PHC 污染是一致的，河流及石油港口和石油船舶都带来了 PHC 的轻度污染。

在山东省青岛市东北部海岸，河流经过青岛城市，带来工厂废水和生活污水，这样，在胶州湾东北部的近岸水域，就会形成 PHC 的高含量区（0.066mg/L）。海流把 PHC 污染带到海湾的东北部中心水域（0.046mg/L），进一步，也会带到湾南部的湾口水域（0.032mg/L），带到海湾的南部外海水域（0.016mg/L）（图 19-5）。

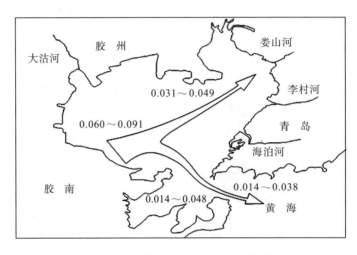

图 19-5   石油港口和石油船舶输送的 PHC 在胶州湾的迁移路径(mg/L)

黄岛国家石油储备基地山东省青岛市胶州湾西海岸，毗邻大炼油项目，1974年开始，国家石油部(中国石油天然气总公司前身)和青岛港务局相继在此建造储油区，并且建设了青岛石油港口和石油船舶停泊水域。这样，在胶州湾西南部的近岸水域，就形成了 PHC 的高含量区（0.060～0.091mg/L）。海流会把 PHC 带到海湾的北部近岸水域（0.031～0.049mg/L），同时，也会通过海湾的湾口（0.014～0.048mg/L），带到海湾的南部外海（0.014～0.038mg/L）（图 19-6）。

因此，河流及石油港口和石油船舶带来的 PHC 污染，都是人类产生的。这些水域受到 PHC 的轻度污染，但海洋所具有的 PHC 对近岸水域和海湾等任何海洋能够达到的水域都有很大的影响。尤其是物质沿着食物链具有富集作用，因此，虽然水体中 PHC 含量比较低，但是经过长期的成千上万倍的富集，一些人类食用的水产品就会含有很高的 PHC。这样，就会给人类带来许多危害，人类需要警觉。

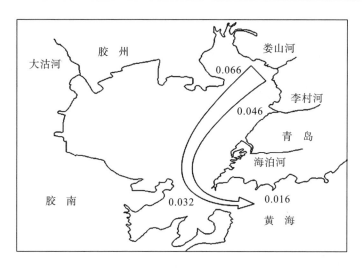

图 19-6　河流输送的 PHC 在胶州湾的迁移路径(mg/L)

19.4　结　　论

1987 年 5 月、7 月和 11 月，PHC 在胶州湾水体中的含量为 0.014～0.091mg/L，都符合国家一、二类海水水质标准(0.05mg/L)和三类海水水质标准(0.30mg/L)。表明在 PHC 含量方面，5 月、7 月和 11 月，在胶州湾水域，水质受到 PHC 的轻度污染。

5 月和 11 月，在胶州湾西南部的近岸水域 PHC 含量比较高，而湾内和湾外水域 PHC 含量比较低。7 月，在胶州湾东北部娄山河入海口的近岸水域 PHC 含量比较高，而湾内和湾外水域 PHC 含量比较低。

胶州湾水域 PHC 有两个来源，主要是河流的输送及石油港口和石油船舶的输送。河流输送的水体的 PHC 含量为 0.066mg/L，石油港口和石油船舶输送的水体的 PHC 含量为 0.060～0.091mg/L。揭示了河流输送的水体的 PHC 含量变化范围与石油港口和石油船舶输送的水体的 PHC 含量相一致，表明河流受到的 PHC 污染与石油港口和石油船舶造成的 PHC 污染是一致的，河流与石油港口和石油船舶都带来了 PHC 的轻度污染。

在山东省青岛市东北部海岸，河流经过青岛市，给胶州湾东北部的近岸水域带来了 PHC 的高含量，海流就会把 PHC 带到海湾的南部中心水域，同时，也会通过海湾的湾口，带到海湾的南部外海。

在山东省青岛市胶州湾西海岸，建设了黄岛国家石油储备基地、青岛石油港口和石油船舶停泊水域。这样,给胶州湾西南部的近岸水域带来了 PHC 的高含量，海流就会把 PHC 带到海湾的北部近岸水域，同时，也会通过海湾的湾口，带到海湾的南部外海。

因此，河流及石油港口和石油船舶带来的 PHC 污染，都是人类产生的。虽然这些水域受到 PHC 的轻度污染，但物质沿着食物链具有富集作用，因此，人类食用的水产品就会含有很高的 PHC。这样，就会给人类带来许多危害，人类需要警觉，尽可能地减少 PHC 污染。

参 考 文 献

[1] Yang D F, Zhang Y C, Zou J, et al. Contents and distribution of petroleum hydrocarbons（PHC）in Jiaozhou Bay waters[J]. Open Journal of Marine Science, 2011, 1（3）：108-112.

[2] 杨东方, 孙培艳, 陈晨, 等. 胶州湾水域石油烃的分布及污染源[J]. 海岸工程, 2013, 32（1）：60-72.

[3] Yang D F, Sun P Y, Ju L, et al. Distribution and changing of petroleum hydrocarbon in Jiaozhou Bay waters [J]. Applied Mechanics Materials, 2014, 644-650:5312-5315.

[4] Yang D F, Sun P Y, Lian J, et al. Input features of petroleum hydrocarbon in Jiaozhou Bay[C]. Proceedings of the 2015 International Symposium on Computers and Informatics, 2015: 2647-2654.

[5] Yang D F, Wang F Y, Zhu S X, et al. Distribution and homogeneity of petroleum hydrocarbon in Jiaozhou Bay[C]. Proceedings of the 2015 International Symposium on Computers and Informatics, F, 2015.

[6] Yang D F, Wu Y F, He H Z, et al. Vertical distribution of petroleum hydrocarbon in Jiaozhou Bay[C]. Proceedings of the International Symposium on Computers & Informatics, F, 2015.

[7] Yang D F, Zhu S X, Wang F Y, et al. Distribution and low-value feature of petroleum hydrocarbon in Jiaozhou Bay[C]. 4th International Conference on Energy and Environmental Protection, 2015: 3784-3788.

[8] Yang D F, Wang F Y, Zhu S X, et al. Effects of PHC on water quality of Jiaozhou Bay Ⅱ. Changing process of pollution sources[J]. Meteorological and Environmental Research, 2016, 7（1）：44-47.

[9] Yang D F, Wang F Y, Zhu S X, et al. River was the only source of PHC in Jiaozhou Bay in 1984[J]. Advances in Engineering Research, 2015: 431-434.

[10] Yang D F, Wang F Y, Zhu S X, et al. Effects of PHC on water quality of Jiaozhou Bay Ⅰ. Annual variation of PHC content[J]. Meteorological and Environmental Research, 2015, 6（11-12）：31-34.

[11] Yang D F, Zhu S X, Wang F Y, et al. Change laws of PHC contents in bottom waters in the bay mouth of Jiaozhou Bay[J]. Advances in Engineering Research，2016（Part E）：1351-1355.

[12] 杨东方, 王凡, 高振会, 等. 胶州湾浮游藻类生态现象[J]. 海洋科学, 2004, 28（006）：71-74.

[13] Yang D F, Gao Z H, Sun P Y, et al. Silicon limitation on primary production and its destiny in Jiaozhou Bay，China[J]. Chinese Journal of Oceanology and Limnology, 2005, 24（2）：169-175.

[14] 国家海洋局. 海洋监测规范[M]. 北京: 海洋出版社, 1991.

第 20 章　胶州湾石油输入来源及含量变化

河流经过青岛市，带来了工厂废水和生活污水，这样，在胶州湾东北部的近岸水域，就会形成 PHC 的高含量区。海流会把 PHC 带到海湾的南部中心水域，同时，也会通过海湾的湾口，带到海湾的南部外海[1-11]。因此，本章根据 1988 年的调查资料，对胶州湾水体中 PHC 的含量、水平分布以及来源进行分析，研究胶州湾水体中 PHC 的水质、来源和来源量，确定胶州湾水域 PHC 的来源及污染程度，为保护海洋环境、维持生态可持续发展提供科学理论依据。

20.1　背　　景

20.1.1　胶州湾自然环境

胶州湾位于山东半岛南部，地理位置为 $120°04'\sim120°23'E$，$35°58'\sim36°18'N$，以团岛与薛家岛连线为界，与黄海相通，面积约为 $446km^2$，平均水深约为 $7m$，是一个典型的半封闭型海湾。胶州湾入海的河流有十几条，其中径流量和含沙量较大的为大沽河和洋河，青岛市区的海泊河、李村河和娄山河等河流均属季节性河流，河水水文特征有明显的季节性变化[12,13]。

20.1.2　材料与方法

本书所使用的 1988 年 4 月、7 月和 10 月胶州湾水体 PHC 的调查资料由国家海洋局北海环境监测中心提供。4 月和 7 月，在胶州湾水域设 13 个站位取水样：31、32、33、34、35、36、84、85、86、87、88、89 和 90 站；在 10 月，在胶州湾水域设 6 个站位取水样：84、85、86、87、88 和 89 站(图 20-1)。分别于 1988 年 4 月、7 月和 10 月 3 次进行取样，根据水深取水样(大于 10m 时取表层和底层，小于 10m 时只取表层)，进行调查采样。按照国家标准方法进行胶州湾水体 PHC 的调查，该方法被收录在国家的《海洋监测规范》中[14]。

图 20-1 1988 年胶州湾调查站位

20.2 石油的含量及分布

20.2.1 含量

1988 年 4 月、7 月和 10 月，在胶州湾水域 PHC 含量为 0.005～0.178mg/L，符合国家一、二、三类海水水质标准。4 月，胶州湾水域 PHC 含量为 0.014～0.064mg/L，符合国家一、二、三类海水水质标准。7 月，胶州湾水域 PHC 含量为 0.005～0.178mg/L，符合国家一、二、三类海水水质标准。10 月，胶州湾水域 PHC 含量为 0.022～0.169mg/L，符合国家一、二、三类海水水质标准。因此，4 月、7 月和 10 月，PHC 在胶州湾水体中的含量为 0.005～0.178mg/L，符合国家一、二、三类海水水质标准。表明在 PHC 含量方面，4 月、7 月和 10 月，在胶州湾整个水域，水质受到 PHC 的中度污染（表 20-1）。

表 20-1 1988 年 4 月、7 月和 10 月胶州湾表层水质

项目	4 月	7 月	10 月
海水中 PHC 含量/(mg/L)	0.014～0.064	0.005～0.178	0.022～0.169
国家海水水质标准	一、二、三类海水	一、二、三类海水	一、二、三类海水

20.2.2 表层水平分布

4月，在胶州湾东北部，在李村河入海口近岸水域的88站位，PHC的含量较高，为0.064mg/L，以东北部近岸水域为中心形成了PHC的高含量区，从湾的北部到南部PHC含量等值线形成了一系列不同梯度的平行线。PHC从中心的高含量0.064mg/L沿梯度递减到湾南部湾口水域的0.018mg/L，甚至到湾口外侧水域的0.014mg/L(图20-2)。

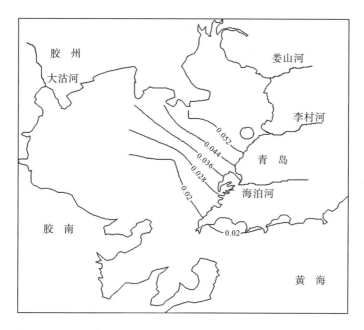

图 20-2 4月表层 PHC 的分布(mg/L)

7月，在胶州湾东部，在海泊河入海口近岸水域的89站位，PHC的含量较高，为0.178mg/L，以东部近岸水域为中心形成了PHC的高含量区，将PHC的高含量区作为中心，PHC含量等值线形成了一系列不同梯度的同心半圆。PHC从中心的高含量0.178mg/L沿梯度向外递减，到湾中心水域为0.012mg/L，到湾口北部的内侧水域为0.012mg/L，到湾口南部水域为0.005mg/L(图20-3)。

10月，在胶州湾东部，在海泊河入海口近岸水域的89站位，PHC的含量较高，为0.169mg/L，以东部近岸水域为中心形成了PHC的高含量区，将PHC的高含量区作为中心，形成了一系列不同梯度的同心半圆。PHC从中心的高含量0.169mg/L沿梯度向外递减，到湾中心水域为0.024mg/L，到湾西部近岸水域的0.022mg/L(图20-4)。

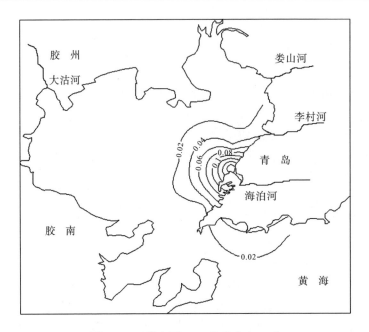

图 20-3　7 月表层 PHC 的分布(mg/L)

图 20-4　10 月表层 PHC 的分布(mg/L)

20.3　石油输入来源及含量变化

20.3.1　水质

1988 年 4 月、7 月和 10 月,PHC 在胶州湾水体中的含量为 0.005～0.178mg/L,都符合国家一、二类海水水质标准(0.05mg/L)和三类海水水质标准(0.30mg/L)。表明在 PHC 含量方面, 4 月、7 月和 10 月, 在胶州湾水域, 水质受到 PHC 的中度污染。

4 月,PHC 在胶州湾水体中的含量为 0.014～0.064mg/L,胶州湾水域受到 PHC 的轻度污染。在胶州湾,从李村河入海口的近岸水域,沿着李村河入海口的河流方向,到北部近岸水域,李村河的河流方向是从 88 站位到 87 站位的连线方向,在李村河河流方向的东北部水域,PHC 含量的变化范围为 0.052～0.064mg/L,表明在 PHC 含量方面,此水域的水质达到了国家三类海水水质标准,但 PHC 含量低于 0.10mg/L,故水质受到了 PHC 的轻度污染。在李村河河流方向的西南部水域,一直到湾内中心水域,到湾口水域,甚至到湾外水域,PHC 含量的变化范围为 0.014～0.021mg/L,表明在 PHC 含量方面,此水域的水质达到了国家一、二类海水水质标准,水质没有受到 PHC 的污染。

7 月,PHC 在胶州湾水体中的含量为 0.005～0.178mg/L,胶州湾水域受到 PHC 的轻度污染。在胶州湾,以海泊河入海口的近岸水域为中心的半圆水域,PHC 含量的变化范围为 0.050～0.178mg/L,超过国家一、二类海水水质标准(0.05mg/L),表明在 PHC 含量方面,此水域的水质达到了国家三类海水水质标准,并且 PHC 含量高于 0.10mg/L,故水质受到了 PHC 的中度污染。除去以李村河入海口的近岸水域为中心的半圆水域,在胶州湾的湾内和湾外水域,PHC 含量的变化范围为 0.005～0.044mg/L,表明在 PHC 含量方面,此水域的水质达到了国家一、二类海水水质标准,水质没有受到 PHC 的污染。

10 月, PHC 在胶州湾水体中的含量为 0.022～0.169mg/L,胶州湾水域受到 PHC 的轻度污染。在胶州湾,从海泊河入海口的近岸水域到李村河入海口的近岸水域,这两个入海口之间的东北部沿岸水域,PHC 的含量变化范围为 0.057～0.169mg/L,表明在 PHC 含量方面,此水域的水质达到了国家三类海水水质标准,并且 PHC 含量高于 0.10mg/L,水质受到了 PHC 的中度污染。除去从海泊河入海口的近岸水域到李村河入海口的近岸水域,在胶州湾的湾内水域,PHC 含量的变化范围为 0.022～0.036mg/L,表明在 PHC 含量方面,此水域的水质达到了国家一、二类海水水质标准,水质没有受到 PHC 的污染。

因此，4 月，在李村河河流方向的东北部水域，水质受到了 PHC 的轻度污染；在李村河河流方向的西南部水域，一直到湾内中心水域，到湾口水域，甚至到湾外水域，水质没有受到 PHC 的污染。7 月，在胶州湾，以海泊河入海口的近岸水域为中心的半圆水域，水质受到了 PHC 的中度污染；除去以李村河入海口的近岸水域为中心的半圆水域，在胶州湾的湾内和湾外水域，水质没有受到 PHC 的污染。10 月，从海泊河入海口的近岸水域到李村河入海口的近岸水域，水质受到了 PHC 的中度污染；除去从海泊河入海口的近岸水域到李村河入海口的近岸水域，在胶州湾的湾内水域，水质没有受到 PHC 的污染。

20.3.2 河流输入来源

4 月，在胶州湾东北部的水体中，在李村河入海口的近岸水域，形成了 PHC 的高含量区，表明 PHC 的来源是河流的输送，其 PHC 含量为 0.064mg/L。输送的水体的 PHC 含量沿梯度下降，导致 PHC 含量在李村河河流方向的西南部水域，一直到湾内中心水域，到湾口水域，甚至到湾外水域为 0.014～0.021mg/L。

7 月，在胶州湾东部的水体中，在海泊河入海口的近岸水域，形成了 PHC 的高含量区，表明 PHC 的来源是河流的输送，其 PHC 含量为 0.178mg/L。输送的水体的 PHC 含量沿梯度下降，导致 PHC 含量在湾中心水域为 0.012mg/L，在湾口北部的内侧水域为 0.012mg/L，在湾口南部水域为 0.005mg/L。

10 月，在胶州湾东部的水体中，在海泊河入海口的近岸水域，形成了 PHC 的高含量区，表明 PHC 的来源是河流的输送，其 PHC 含量为 0.169mg/L。输送的水体的 PHC 含量沿梯度下降，导致 PHC 含量在湾中心水域为 0.024mg/L，在湾西部的近岸水域为 0.022mg/L。

胶州湾水域 PHC 只有一个来源，主要是河流的输送。河流输送的水体的 PHC 含量为 0.064～0.178mg/L。其中，李村河河流输送的水体的 PHC 含量为 0.064mg/L，海泊河河流输送的水体的 PHC 含量为 0.169～0.178mg/L（表 20-2）。因此，李村河河流输送给胶州湾的水体的 PHC 含量超过国家一、二类海水水质标准（0.05mg/L），符合国家三类海水水质标准（0.30mg/L）；海泊河河流输送给胶州湾的水体的 PHC 含量超过国家一、二类海水水质标准（0.05mg/L），符合国家三类海水水质标准（0.30mg/L）。表明李村河河流受到 PHC 的轻度污染，而海泊河河流受到 PHC 的中度污染。

表 20-2 1988 年胶州湾不同河流来源的 PHC 含量

来源	李村河河流的输送	海泊河河流的输送
PHC 含量/(mg/L)	0.064	0.169～0.178

20.3.3　来源的污染程度

胶州湾水域 PHC 只有一个来源,主要是河流的输送。

李村河河流输送的水体的 PHC 含量为 0.064mg/L,海泊河河流的输送的水体的 PHC 含量为 0.169~0.178mg/L。揭示了李村河河流输送的水体的 PHC 含量变化范围远远小于海泊河河流输送的水体的 PHC 含量,李村河河流受到的 PHC 污染也远远小于海泊河河流受到的 PHC 污染。表明不同的河流受到 PHC 污染的程度是不同的。

7 月,海泊河河流输送的水体的 PHC 含量为 0.178mg/L,10 月,海泊河河流输送的水体的 PHC 含量为 0.169mg/L。表明在不同的月份,时间相差几乎 3 个月,同一条河流输送的水体的 PHC 含量基本一致。表明同一条河流在不同的时间输送的 PHC 基本是一致的。而且,同一条河流受到 PHC 污染的程度基本保持一致。

20.3.4　来源含量变化

胶州湾水域 PHC 含量有一个来源,主要是河流的输送。河流输送的水体的 PHC 含量为 0.064~0.178mg/L。其中,李村河河流输送的水体的 PHC 含量为 0.064mg/L,海泊河河流输送的水体的 PHC 含量为 0.169~0.178mg/L。

4 月,PHC 的来源是李村河的河流输送,其 PHC 含量为 0.064mg/L。

7 月,PHC 的来源是海泊河的河流输送,其 PHC 含量为 0.178mg/L。

10 月,PHC 的来源是海泊河的河流输送,其 PHC 含量为 0.169mg/L。

在不同的月份,不同的河流,河流输送的水体的 PHC 含量发生了变化。

20.3.5　来源含量的变化特征

4 月,PHC 的来源是李村河河流的输送,其 PHC 含量为 0.064mg/L。PHC 的含量比较低,在近岸水域 PHC 含量等值线形成了一系列几乎平行于北部的海岸线,不同梯度的平行线,表层 PHC 的含量由北部的近岸向南部的湾口方向递减。

7 月,PHC 的来源是海泊河河流的输送,其 PHC 含量为 0.178mg/L。PHC 的含量很高,在近岸水域形成了 PHC 的高含量区,在河流的输送下,以此高含量区为中心,PHC 含量等值线形成了一系列不同梯度的半个同心圆。这样,在胶州湾水体中沿着河流的方向,PHC 含量值递减。

10 月,PHC 的来源是海泊河河流的输送,其 PHC 含量为 0.169mg/L。PHC 的含量比较高,在近岸水域形成了 PHC 的高含量区,在河流的输送下,以此高含量区为中心,PHC 含量等值线形成了一系列不同梯度的半个同心圆。这样,在胶州湾水体中沿着河流的方向，PHC 含量值递减。随着 PHC 含量的递减，PHC 含量等值线形成了一系列不同梯度的平行线，表层 PHC 含量由北部的近岸向南部的湾口方向递减。

通过水平分布展示 PHC 对胶州湾水域的输入，来源于河流，随着输入来源PHC 含量的变化，其水平分布呈现出不同的变化(表 20-3)。

表 20-3　PHC 来源含量的变化特征

月份	含量/(mg/L)	水平分布	输入方式	来源污染程度
4	0.064	平行式	河流	轻度污染
7	0.178	半圆式	河流	中度污染
10	0.169	半圆平行式	河流	中度污染

20.3.6　来源含量的变化过程

随着输入来源 PHC 含量的变化，其水平分布呈现出不同的变化。将 PHC 含量的变化过程分为 3 个阶段，当输入来源的 PHC 含量从高到低变化时，出现 3 种水平分布模式：半圆式、半圆平行式和平行式，用 3 个模型框图来表示(图 20-5)。反之，通过这 3 个模型框图，就可以确定输入来源 PHC 含量的变化状况。因此，这 3 个模型框图展示了来源 PHC 含量的变化过程。

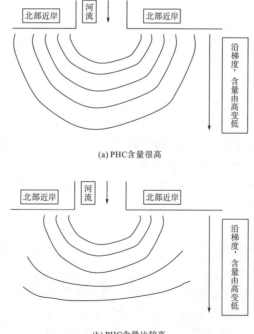

(a) PHC含量很高

(b) PHC含量比较高

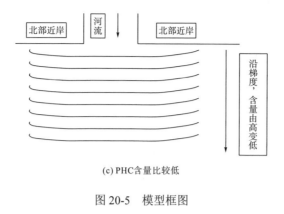

(c) PHC含量比较低

图 20-5　模型框图

20.4　结　　论

　　1988 年 4 月、7 月和 10 月,PHC 在胶州湾水体中的含量为 0.005~0.178mg/L,都符合国家一、二类海水水质标准(0.05mg/L)和三类海水水质标准(0.30mg/L)。表明在 PHC 含量方面,4 月、7 月和 10 月,在胶州湾水域,水质受到 PHC 的中度污染。

　　4 月、7 月和 10 月,胶州湾东北部沿岸水域 PHC 含量比较高,而南部沿岸水域 PHC 含量比较低。胶州湾的湾内水域 PHC 含量比较高,而胶州湾的湾外水域 PHC 含量比较低。胶州湾水域 PHC 只有一个来源,为河流的输送。李村河河流输送的水体的 PHC 含量为 0.064mg/L,海泊河河流输送的水体的 PHC 含量为 0.169~0.178mg/L。表明河流受到 PHC 的中度污染,其中海泊河比李村河受到 PHC 的污染更严重。揭示了不同的河流受到 PHC 污染的程度是不同的,而同一条河流在不同的时间输送的 PHC 含量基本是一致的。而且,同一条河流受到 PHC 污染的程度基本保持一致。在不同的月份,不同的河流,河流输送的水体的 PHC 含量发生了变化。

　　通过水平分布展示 PHC 对胶州湾水域的输入,来源于河流,随着输入来源 PHC 含量的变化,其水平分布呈现出不同的变化。将 PHC 含量的变化过程分为 3 个阶段,当输入来源的 PHC 含量从高到低变化时,出现 3 种水平分布模式:半圆式、半圆平行式和平行式,用 3 个模型框图来表示。由此认为,这 3 个模型框图展示了来源 PHC 含量的变化过程。

　　胶州湾整个水域 PHC 来源于河流的输送,河流受到了中度污染,胶州湾水域也受到 PHC 的中度污染。因此,人类在消耗 PHC 时,应尽可能地减少向环境中排放 PHC。

参 考 文 献

[1] Yang D F, Zhang Y C, Zou J, et al. Contents and distribution of petroleum hydrocarbons（PHC）in Jiaozhou Bay waters[J]. Open Journal of Marine Science, 2011, 1（3）: 108-112.

[2] 杨东方, 孙培艳, 陈晨, 等. 胶州湾水域石油烃的分布及污染源[J]. 海岸工程, 2013, 32（1）: 60-72.

[3] Yang D F, Sun P Y, Ju L, et al. Distribution and changing of petroleum hydrocarbon in Jiaozhou Bay waters [J]. Applied Mechanics Materials, 2014, 644-650: 5312-5315.

[4] Yang D F, Sun P Y, Lian J, et al. Input features of petroleum hydrocarbon in Jiaozhou Bay[C]. Proceedings of the 2015 International Symposium on Computers and Informatics, 2015: 2647-2654.

[5] Yang D F, Wang F Y, Zhu S X, et al. Distribution and homogeneity of petroleum hydrocarbon in Jiaozhou Bay[C]. Proceedings of the 2015 International Symposium on Computers and Informatics, F, 2015.

[6] Yang D F, Wu Y F, He H Z, et al. Vertical distribution of petroleum hydrocarbon in Jiaozhou Bay[C]. Proceedings of the International Symposium on Computers & Informatics, F, 2015.

[7] Yang D F, Zhu S X, Wang F Y, et al. Distribution and low-value feature of petroleum hydrocarbon in Jiaozhou Bay[C]. 4th International Conference on Energy and Environmental Protection, 2015: 3784-3788.

[8] Yang D F, Wang F Y, Zhu S X, et al. Effects of PHC on water quality of Jiaozhou Bay Ⅰ. Annual variation of PHC content[J]. Meteorological and Environmental Research, 2015, 6（11-12）: 31-34.

[9] Yang D F, Zhu S X, Wang F Y, et al. Change laws of PHC contents in bottom waters in the bay mouth of Jiaozhou Bay[J]. Advances in Engineering Research, 2016（Part E）: 1351-1355.

[10] Yang D F, Wang F Y, Zhu S X, et al. Effects of PHC on water quality of Jiaozhou Bay Ⅱ. Changing process of pollution sources[J]. Meteorological and Environmental Research, 2016, 7（1）: 44-47.

[11] Yang D F, Wang F Y, Zhu S X, et al. River was the only source of PHC in Jiaozhou Bay in 1984[J]. Advances in Engineering Research, 2015: 431-434.

[12] 杨东方, 王凡, 高振会, 等. 胶州湾浮游藻类生态现象[J]. 海洋科学, 2004, 28（006）: 71-74.

[13] Yang D F, Gao Z H, Sun P Y，et al. Silicon limitation on primary production and its destiny in Jiaozhou Bay, China[J]. Chinese Journal of Oceanology and Limnology, 2005, 24（2）: 169-175.

[14] 国家海洋局. 海洋监测规范[M]. 北京: 海洋出版社, 1991.

第21章　胶州湾海域石油含量的逐年振荡变化

1979 年，我国开始改革开放，工农业迅速发展，许多含有石油(PHC)的产品也不断地涌现，在制造和运输产品的过程中，产生了大量含 PHC 的废水，随着河流的挟带，PHC 向大海迁移[1-6]，这个过程严重威胁人类健康。因此，研究近海的 PHC 污染程度和水质状况[1-6]，对保护海洋环境、维持生态可持续发展具有重要帮助。本章根据 1984～1988 年胶州湾的调查资料，研究这 5 年间 PHC 在胶州湾海域的含量变化，为治理 PHC 污染的环境提供理论依据。

21.1　背　　景

21.1.1　胶州湾自然环境

胶州湾位于山东半岛南部，地理位置为 120°04′～120°23′E, 35°58′～36°18′N，以团岛与薛家岛连线为界，与黄海相通，面积约为 446km²，平均水深约为 7m，是一个典型的半封闭型海湾(图 21-1)。胶州湾入海的河流有十几条，其中径流量

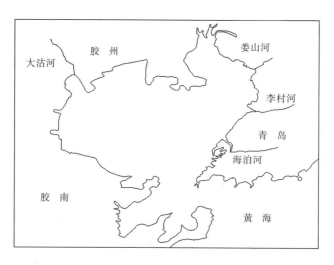

图 21-1　胶州湾地理位置

和含沙量较大的为大沽河和洋河，青岛市区的海泊河、李村河和娄山河等河流均
属季节性河流，河水水文特征有明显的季节性变化[7,8]。

21.1.2　材料与方法

本书所使用的调查数据由国家海洋局北海环境监测中心提供。按照国家标准
方法进行胶州湾水体 PHC 的调查，该方法被收录在国家的《海洋监测规范》中[9]。

在 1984 年 7 月、8 月和 10 月，1985 年 4 月、7 月和 10 月，1986 年 4 月、7
月和 10 月，1987 年 5 月、7 月和 11 月，1988 年 4 月、7 月和 10 月，进行胶州湾
水体 PHC 的调查[1-6]。其站位如图 21-2～图 21-6 所示。

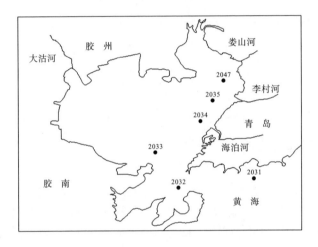

图 21-2　1984 年胶州湾调查站位

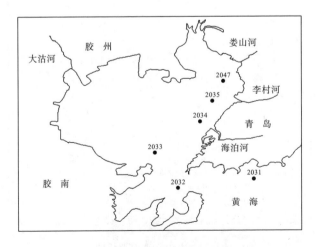

图 21-3　1985 年胶州湾调查站位

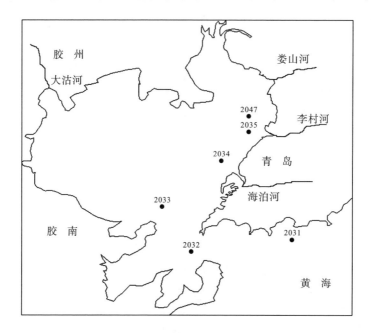

图 21-4　1986 年胶州湾调查站位

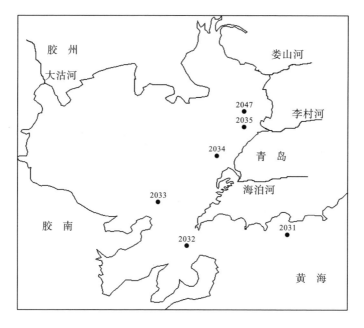

图 21-5　1987 年胶州湾调查站位

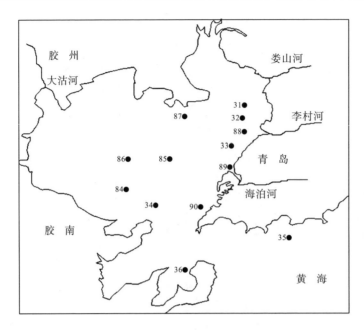

图 21-6   1988 年胶州湾调查站位

21.2   石油的含量及变化

21.2.1   含量

1984~1988 年，对胶州湾水体中的 PHC 进行调查，其含量的变化范围见表 21-1。

1. 1984 年

1984 年 7 月、8 月和 10 月，PHC 在胶州湾水体中的含量为 0.01~0.16mg/L，都符合国家一、二类海水水质标准(0.05mg/L)和三类海水水质标准(0.30mg/L)。表明在 PHC 含量方面，7 月、8 月和 10 月，在胶州湾水域，水质受到 PHC 的轻度污染。

7 月，PHC 在胶州湾水体中的含量为 0.05~0.06mg/L，胶州湾水域受到 PHC 的轻度污染。在胶州湾，以海泊河入海口的近岸水域为界限水域，从此界限水域到湾东北部沿岸水域，PHC 含量的变化范围为大于等于 0.06mg/L，表明在 PHC 含量方面，此水域的水质达到了国家三类海水水质标准，受到了 PHC 的轻度污染。从此界限水域到湾南部沿岸水域一直到湾口水域，PHC 含量的变化范围为 0.05~0.06mg/L，表明在 PHC 含量方面，此水域的水质达到了国家三类海水水质标准，水质受到了 PHC 的轻度污染，从湾口水域到湾外水域，PHC 含量的变化范围为小于等于 0.05mg/L，表明在 PHC 含量方面，此水域的水质达到了国家一、二类海水水质标准，没有受到 PHC 的污染。

8 月，PHC 在胶州湾水体中的含量为 0.09～0.16mg/L，胶州湾水域受到 PHC 的轻度污染。在胶州湾，从娄山河入海口的近岸水域到李村河入海口的近岸水域，PHC 含量的变化范围为 0.09～0.16mg/L，表明在 PHC 含量方面，湾内水质达到了国家三类海水水质标准，受到了 PHC 的轻度污染。

10 月，PHC 在胶州湾水体中的含量为 0.01～0.05mg/L，胶州湾水域没有受到 PHC 的污染。在胶州湾，从娄山河入海口的近岸水域一直到湾口水域，甚至到湾外水域，PHC 含量的变化范围为 0.01～0.05mg/L，表明在 PHC 含量方面，整个胶州湾的湾内及湾外水质达到了国家一、二类海水水质标准，没有受到 PHC 的污染。

因此，7 月、8 月和 10 月，胶州湾东北部沿岸水域 PHC 含量比较高，南部沿岸水域 PHC 含量比较低。7 月，从湾东北部沿岸水域到海泊河入海口的近岸水域，水质受到了 PHC 的轻度污染。从海泊河入海口的近岸水域到湾外水域，水质没有受到 PHC 的污染。8 月，从娄山河入海口的近岸水域到李村河入海口的近岸水域，PHC 含量比较高，水质受到了 PHC 的轻度污染。10 月，在整个胶州湾水域，水质没有受到 PHC 的污染（表 21-1）。

2. 1985 年

1985 年 4 月、7 月和 10 月，PHC 在胶州湾水体中的含量为 0.010～0.124mg/L，都符合国家一、二类海水水质标准（0.05mg/L）和三类海水水质标准（0.30mg/L）。表明在 PHC 含量方面，4 月、7 月和 10 月，在胶州湾水域，水质受到 PHC 的轻度污染。

4 月，PHC 在胶州湾水体中的含量为 0.025～0.064mg/L，胶州湾水域受到 PHC 的轻度污染。在胶州湾，从海泊河入海口的近岸水域到湾东北部沿岸水域，PHC 含量的变化范围为 0.054～0.064mg/L，表明在 PHC 含量方面，此水域的水质达到了国家三类海水水质标准，受到了 PHC 的轻度污染。从海泊河入海口的近岸水域一直到湾口水域，甚至到湾外水域，PHC 含量的变化范围为 0.025～0.031mg/L，表明在 PHC 含量方面，此水域的水质达到了国家一、二类海水水质标准，没有受到 PHC 的污染。

7 月，PHC 在胶州湾水体中的含量为 0.059～0.124mg/L，胶州湾水域受到 PHC 的中度污染。在胶州湾，以海泊河入海口的近岸水域到湾东北部沿岸水域，PHC 含量的变化范围为 0.101～0.124mg/L，表明在 PHC 含量方面，此水域的水质达到了国家三类海水水质标准，受到了 PHC 的轻度污染。从海泊河入海口的近岸水域一直到湾口水域，甚至到湾外水域，PHC 含量的变化范围为 0.059～0.079mg/L，表明在 PHC 含量方面，此水域的水质达到了国家三类海水水质标准，受到了 PHC

的轻度污染。

10 月，PHC 在胶州湾水体中的含量为 0.010～0.121mg/L，胶州湾水域受到 PHC 的轻度污染。在胶州湾，从海泊河入海口的近岸水域到李村河入海口的近岸水域，PHC 含量的变化范围为 0.108～0.121mg/L，表明在 PHC 含量方面，此水域的水质达到了国家三类海水水质标准，受到了 PHC 的轻度污染。从海泊河入海口的近岸水域到湾东北部沿岸水域为水域 A，从海泊河入海口的近岸水域一直到湾口水域甚至到湾外水域，此水域为水域 B，那么在水域 A 和水域 B，PHC 含量的变化范围为 0.010～0.033mg/L，表明在 PHC 含量方面，此水域的水质达到了国家一、二类海水水质标准，没有受到 PHC 的污染。

因此，4 月、7 月和 10 月，胶州湾东北部沿岸水域 PHC 含量比较高，而南部沿岸水域 PHC 含量比较低。胶州湾的湾内水域 PHC 含量比较高，而胶州湾的湾外水域 PHC 含量比较低。4 月，从湾东北部沿岸水域到海泊河入海口的近岸水域，水质受到了 PHC 的轻度污染。从海泊河入海口的近岸水域到湾外水域，水质没有受到 PHC 的污染。7 月，从湾东北部沿岸水域到海泊河入海口的近岸水域，水质受到了 PHC 的轻度污染。从海泊河入海口的近岸水域到湾外水域，水质受到了 PHC 的轻度污染。10 月，从海泊河入海口的近岸水域到李村河入海口的近岸水域，水质受到了 PHC 的轻度污染。从海泊河入海口的近岸水域到湾东北部沿岸水域和从海泊河入海口的近岸水域到湾外水域，水质没有受到 PHC 的污染（表 21-1）。

3. 1986 年

1986 年 4 月、7 月和 10 月，PHC 在胶州湾水体中的含量为 0.005～0.122mg/L，都符合国家一、二类海水水质标准(0.05mg/L)和三类海水水质标准(0.30mg/L)。表明在 PHC 含量方面，在 4 月、7 月和 10 月，在胶州湾水域，水质受到 PHC 的轻度污染。

4 月，PHC 在胶州湾水体中的含量为 0.005～0.066mg/L，胶州湾水域受到 PHC 的轻度污染。在胶州湾，从娄山河入海口的近岸水域到李村河入海口的近岸水域，这两个入海口之间的东北部沿岸水域，PHC 含量的变化范围为 0.053～0.064mg/L，表明在 PHC 含量方面，此水域的水质达到了国家三类海水水质标准，受到了 PHC 的轻度污染。从海泊河入海口的近岸水域一直到湾口水域，甚至到湾外水域，PHC 含量的变化范围为 0.005～0.032mg/L，表明在 PHC 含量方面，此水域的水质达到了国家一、二类海水水质标准，没有受到 PHC 的污染。

7 月，PHC 在胶州湾水体中的含量为 0.022～0.122mg/L，胶州湾水域受到 PHC 的轻度污染。在胶州湾，从海泊河入海口的近岸水域到湾东北部沿岸水域，PHC 含量的变化范围为 0.022～0.043mg/L，表明在 PHC 含量方面，此水域的水质达到了国家一、二类海水水质标准，没有受到 PHC 的污染。从海泊河入海口的近岸水域一直到湾口水域，甚至到湾外水域，PHC 含量的变化范围为 0.054～0.122mg/L，表明在 PHC 含量方面，此水域的水质达到了国家三类海水水质标准，受到了 PHC 的轻度污染。

10 月，PHC 在胶州湾水体中的含量为 0.005～0.017mg/L，胶州湾水域没有受到 PHC 的污染。在胶州湾，PHC 含量的高值(0.017mg/L)远远低于 PHC 的国家一、二类海水水质标准(0.05mg/L)。表明在 PHC 含量方面，此水域的水质不仅没有受到 PHC 的污染，而且非常清洁。

因此，4 月，从湾东北部沿岸水域到李村河入海口的近岸水域，水质受到了 PHC 的轻度污染。从海泊河入海口的近岸水域到湾外水域，水质没有受到 PHC 的污染。7 月，从湾东北部沿岸水域到海泊河入海口的近岸水域，水质没有受到 PHC 的污染。从海泊河入海口的近岸水域到湾外水域，水质受到 PHC 的轻度污染。10 月，从湾内的近岸水域到湾外水域，水质都没有受到 PHC 的污染，而且非常清洁(表 21-1)。

4. 1987 年

1987 年 5 月、7 月和 11 月，PHC 在胶州湾水体中的含量为 0.014～0.091mg/L，都符合国家一、二类海水水质标准(0.05mg/L)和三类海水水质标准(0.30mg/L)。表明在 PHC 含量方面，5 月、7 月和 11 月，在胶州湾水域，水质受到 PHC 的轻度污染。

5 月，PHC 在胶州湾水体中的含量为 0.014～0.060mg/L，胶州湾水域受到 PHC 的轻度污染。在胶州湾西南部的近岸水域，PHC 的含量(0.060mg/L)超过国家一、二类海水水质标准(0.05mg/L)，表明在 PHC 含量方面，此水域的水质达到了国家三类海水水质标准，受到了 PHC 的轻度污染。从湾内水域一直到湾口水域，甚至到湾外水域，PHC 含量的变化范围为 0.014～0.032mg/L，表明在 PHC 含量方面，此水域的水质达到了国家一、二类海水水质标准，没有受到 PHC 的污染。

7 月，PHC 在胶州湾水体中的含量为 0.016～0.066mg/L，胶州湾水域受到 PHC 的轻度污染。在胶州湾，在娄山河入海口的近岸水域，PHC 的含量(0.066mg/L)超过国家一、二类海水水质标准(0.05mg/L)，表明在 PHC 含量方面，此水域的水质达到了国家三类海水水质标准，受到了 PHC 的轻度污染。从李村河入海口的近岸水域一直到湾口水域，甚至到湾外水域，PHC 含量的变化范围为 0.016～0.046mg/L，表明在 PHC 含量方面，此水域的水质达到了国家一、二类海水水质标准，没有受到 PHC 的污染。

11 月，PHC 在胶州湾水体中的含量为 0.030～0.091mg/L，胶州湾水域受到 PHC 的轻度污染。在胶州湾西南部的近岸水域，PHC 的含量(0.091mg/L)超过国家一、二类海水水质标准(0.05mg/L)，表明此水域的水质，在 PHC 含量方面，达到了国家三类海水水质标准，受到了 PHC 的轻度污染。从湾内水域一直到湾口水域，甚至到湾外水域，PHC 含量的变化范围为 0.030～0.049mg/L，表明在 PHC

含量方面，此水域的水质达到了国家一、二类海水水质标准，没有受到 PHC 的污染。

因此，5 月，在胶州湾西南部的近岸水域，水质受到了 PHC 的轻度污染；从湾内水域一直到湾口水域，甚至到湾外水域，水质没有受到 PHC 的污染。7 月，在胶州湾娄山河入海口的近岸水域，水质受到了 PHC 的轻度污染；从李村河入海口的近岸水域一直到湾口水域，甚至到湾外水域，水质没有受到 PHC 的污染。11 月，在胶州湾西南部的近岸水域，水质受到了 PHC 的轻度污染；从湾内水域一直到湾口水域，甚至到湾外水域，水质没有受到 PHC 的污染(表 21-1)。

5. 1988 年

1988 年 4 月、7 月和 10 月，PHC 在胶州湾水体中的含量为 0.005～0.178mg/L，都符合国家一、二类海水水质标准(0.05mg/L)和三类海水水质标准(0.30mg/L)。表明在 PHC 含量方面，4 月、7 月和 10 月，在胶州湾水域，水质受到 PHC 的中度污染。

4 月，PHC 在胶州湾水体中的含量为 0.014～0.064mg/L，胶州湾水域受到 PHC 的轻度污染。在胶州湾，从李村河入海口的近岸水域，沿着李村河入海口的河流方向，到北部近岸水域，李村河的河流方向是从 88 站位到 87 站位的连线方向，在李村河河流方向的东北部水域，PHC 含量的变化范围为 0.052～0.064mg/L，表明在 PHC 含量方面，此水域的水质达到了国家三类海水水质标准，但 PHC 含量低于 0.10mg/L，故水质受到了 PHC 的轻度污染。在李村河河流方向的西南部水域，一直到湾内中心水域，到湾口水域，甚至到湾外水域，PHC 含量的变化范围为 0.014～0.021mg/L，表明在 PHC 含量方面，此水域的水质达到了国家一、二类海水水质标准，没有受到 PHC 的污染。

7 月，PHC 在胶州湾水体中的含量为 0.005～0.178mg/L，胶州湾水域受到 PHC 的轻度污染。在胶州湾，以海泊河入海口的近岸水域为中心的半圆水域，PHC 的含量(0.050～0.178mg/L)超过国家一、二类海水水质标准(0.05mg/L)，表明此水域的水质，在 PHC 含量方面，达到了国家三类海水水质标准，并且 PHC 含量高于 0.10mg/L，故水质受到了 PHC 的中度污染。除去以李村河入海口的近岸水域为中心的半圆水域，在胶州湾的湾内和湾外水域，PHC 含量的变化范围为 0.005～0.044mg/L，表明在 PHC 含量方面，此水域的水质达到了国家一、二类海水水质标准，没有受到 PHC 的污染。

10 月，PHC 在胶州湾水体中的含量为 0.022～0.169mg/L，胶州湾水域受到 PHC 的轻度污染。在胶州湾，从海泊河入海口的近岸水域到李村河入海口的近岸水域，这两个入海口之间的东北部沿岸水域，PHC 含量的变化范围为 0.057～0.169mg/L，表明在 PHC 含量方面，此水域的水质达到了国家三类海水水质标准，并且 PHC 含量高于 0.10mg/L，水质受到了 PHC 的中度污染。除去从海泊河入海

口的近岸水域到李村河入海口的近岸水域,在胶州湾的湾内水域,PHC 含量的变
化范围为 0.022~0.036mg/L,表明在 PHC 含量方面,此水域的水质达到了国家一、
二类海水水质标准,没有受到 PHC 的污染。

因此,4 月,在李村河河流方向的东北部水域,水质受到了 PHC 的轻度污染;
在李村河河流方向的西南部水域,一直到湾内中心水域,到湾口水域,甚至到湾
外水域,水质没有受到 PHC 的污染。7 月,在胶州湾,以海泊河入海口的近岸水
域为中心的半圆水域,水质受到了 PHC 的中度污染;除去以李村河入海口的近岸
水域为中心的半圆水域,在胶州湾的湾内和湾外水域,水质没有受到 PHC 的污染。
在 10 月,从海泊河入海口的近岸水域到李村河入海口的近岸水域,水质受到了
PHC 的中度污染;除去从海泊河入海口的近岸水域到李村河入海口的近岸水域,
在胶州湾的湾内水域,水质没有受到 PHC 的污染(表 21-1)。

表 21-1 4~11 月 PHC 在胶州湾水体中的含量 　　　　　　　(单位:mg/L)

年份	4 月	5 月	6 月	7 月	8 月	9 月	10 月	11 月
1984				0.05~0.06	0.09~0.16		0.01~0.05	
1985	0.025~0.064			0.059~0.124			0.010~0.121	
1986	0.005~0.066			0.022~0.122			0.005~0.017	
1987		0.014~0.060		0.016~0.066				0.030~0.091
1988	0.014~0.064			0.005~0.178			0.022~0.169	

21.2.2 变化趋势

4 月,从 1985 年一直到 1988 年,PHC 含量在胶州湾水体中的高值几乎保持
不变。7 月,1984~1988 年 PHC 含量在胶州湾水体中的高值在震荡中增加。10
月,1984~1988 年 PHC 含量在胶州湾水体中的高值也在震荡中增加。5 月、8 月
和 11 月,PHC 在胶州湾水体中的含量各有一个值,无法确定 PHC 含量的变化。
因此,在 1985~1988 年期间,在胶州湾水体中,4 月,PHC 含量的高值几乎保持
不变;7 月和 10 月,PHC 含量的高值都在震荡中增加。

21.2.3 季节变化

以每年 4 月、5 月、6 月代表春季,7 月、8 月、9 月代表夏季,10 月、11 月、
12 月代表秋季。在 1984~1988 年期间,PHC 在胶州湾水体中的含量在春季较低

(0.005～0.066mg/L)，在夏季很高(0.005～0.178mg/L)，在秋季较高(0.005～0.169mg/L)。因此春季、夏季和秋季相比较，在胶州湾水体中的 PHC 含量在春季相对较低，夏季很高，秋季含量比较高。

21.3　石油的逐年振荡变化

21.3.1　水质

在 1984～1988 年期间，在春季，水体中 PHC 含量的高值几乎保持不变，一直维持国家一、二、三类海水水质标准；在夏季，水体中 PHC 含量也一直维持国家一、二、三类海水水质标准，但是，PHC 含量的高值在震荡中增加；在秋季，水体中 PHC 含量也一直维持国家一、二和三类海水水质标准，但是，PHC 含量的高值在震荡中增加。表明 PHC 在春季的输入非常小，而在夏、秋季的输入却非常大(表 21-2)。因此，在 1984～1988 年期间，在春季，胶州湾受到 PHC 的轻度污染，水体中 PHC 的高含量几乎保持不变，并且 PHC 含量的高值比较低；在夏季，胶州湾受到 PHC 的轻度污染，但是，PHC 含量的高值在震荡中增加，PHC含量的高值很高；在秋季，胶州湾受到 PHC 的轻度污染，但是，PHC 含量的高值在震荡中增加，PHC 含量的高值比较高。1984～1988 年，胶州湾一直受到 PHC的轻度污染，而没有受到 PHC 的中度污染和重度污染。

表 21-2　春季、夏季、秋季胶州湾表层的水质

年份	春季	夏季	秋季
1984		一、二、三类	一、二、三类
1985	一、二、三类	一、二、三类	一、二、三类
1986	一、二、三类	一、二、三类	一、二类
1987	一、二、三类	一、二、三类	一、二、三类
1988	一、二、三类	一、二、三类	一、二、三类

21.3.2　含量的振荡变化

在 1984～1988 年期间，在春季，PHC 含量的高值几乎没有变化(图 21-7)，如1985 年4 月 PHC 的含量为0.025～0.064mg/L,1988 年4 月 PHC 的含量为0.014～0.064mg/L;在夏季,在胶州湾水体中 PHC 含量的高值逐年在振荡中增加(图21-8)，如1984 年7 月 PHC 的含量为0.050～0.060mg/L,1985 年7 月 PHC 的含量为0.059～0.124mg/L，1987 年 7 月 PHC 的含量为0.016～0.066mg/L，1988 年 7 月 PHC 的

含量为 0.005～0.178mg/L；同样，在秋季，在胶州湾水体中 PHC 含量的高值逐年在振荡中增加（图 21-9）。

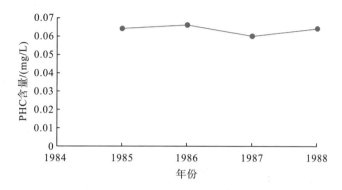

图 21-7　春季胶州湾水体中 PHC 含量高值的变化

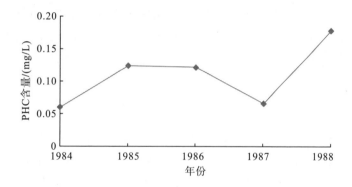

图 21-8　夏季胶州湾水体中 PHC 含量高值的变化

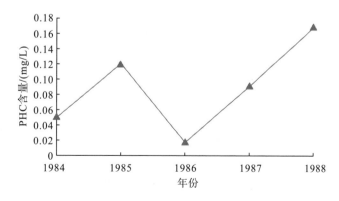

图 21-9　秋季胶州湾水体中 PHC 含量高值的变化

　　在 1984～1988 年期间，在胶州湾表层水体中，PHC 含量的低值始终维持在最低值 0.005mg/L，如在 1986 年 4 月，PHC 的含量为 0.005～0.066mg/L；在 1988 年 7 月，PHC 的含量为 0.005～0.178mg/L。表明无论向胶州湾排放的 PHC 为多少，胶州湾水域的 PHC 经过沉降、迁移和挥发，PHC 含量逐渐接近背景值，由此得到这个水域的 PHC 含量背景值为 0.005mg/L。

21.4　结　　论

　　在 1984～1988 年期间，在胶州湾表层水体中 PHC 的含量符合国家一、二、三类海水水质标准，胶州湾受到 PHC 的轻度污染。在 1984～1988 年期间，在胶州湾水体中 PHC 含量在春季相对较低，夏季很高，秋季比较高。在春季，胶州湾受到 PHC 的轻度污染，水体中 PHC 含量的高值几乎保持不变，并且，PHC 含量的高值比较低；在夏季，胶州湾受到 PHC 的轻度污染，但是，PHC 含量的高值在震荡中增加，PHC 含量的高值很高；在秋季，胶州湾受到 PHC 的轻度污染，但是，PHC 含量的高值在震荡中增加，PHC 含量的高值比较高。1984～1988 年，胶州湾一直受到 PHC 的轻度污染，而没有受到 PHC 的中度污染和重度污染。因此，1984～1988 年，胶州湾受到 PHC 的污染在缓慢增加，水质一直受到 PHC 的轻度污染。1984～1988 年，在胶州湾表层水体中，PHC 含量的低值始终维持在最低值 0.005mg/L，这个水域的 PHC 含量背景值为 0.005mg/L。

　　因此，随着我国对环境的改善，水体中 PHC 含量的高值没有迅速地增加，尤其是在夏季和秋季，PHC 含量的高值增加幅度也比较小。PHC 在水体环境中一直保持了轻度的污染。

参 考 文 献

[1] Yang D F, Zhang Y C, Zou J, et al. Contents and distribution of petroleum hydrocarbons(PHC) in Jiaozhou Bay waters[J]. Open Journal of Marine Science, 2011, 1(3): 108-112.

[2] 杨东方, 孙培艳, 陈晨, 等. 胶州湾水域石油烃的分布及污染源[J]. 海岸工程, 2013, 32(1): 60-72.

[3] Yang D F, Sun P Y, Ju L, et al. Distribution and changing of petroleum hydrocarbon in Jiaozhou Bay waters[J]. Applied Mechanics Materials, 2014, 644-650: 5312-5315.

[4] Yang D F, Sun P Y, Lian J, et al. Input features of petroleum hydrocarbon in Jiaozhou Bay[C]. Proceedings of the 2015 International Symposium on Computers and Informatics, 2015: 2647-2654.

[5] Yang D F, Wang F Y, Zhu S X, et al. Distribution and homogeneity of petroleum hydrocarbon in Jiaozhou Bay[C]. Proceedings of the 2015 International Symposium on Computers and Informatics, F, 2015.

[6] Yang D F, Wu Y F, He H Z, et al. Vertical distribution of petroleum hydrocarbon in Jiaozhou Bay[C]. Proceedings of the International Symposium on Computers & Informatics, F, 2015.

[7] 杨东方, 王凡, 高振会, 等. 胶州湾浮游藻类生态现象[J]. 海洋科学, 2004, 28(006): 71-74.

[8] Yang D F, Gao Z H, Sun P Y, et al. Silicon limitation on primary production and its destiny in Jiaozhou Bay, China [J]. Chinese Journal of Oceanology and Limnology, 2005, 24(2): 169-175.

[9] 国家海洋局. 海洋监测规范[M]. 北京: 海洋出版社, 1991.

第 22 章　胶州湾海域石油来源的时空变化

　　石油(PHC)在工业、农业和交通行业的消耗量巨大，而且随着经济的迅速发展，PHC 得到了进一步的消耗。因此，人类的活动带来了大量含 PHC 的废水、废气和废渣，这些污染物经过河流的输送，向大海迁移[1-6]。同时，石油港口和石油船舶以及海上的石油运输给海洋带来了石油的污染[1-6]。这样，PHC 对环境的影响日益增大。本章根据 1984～1988 年胶州湾的调查资料，研究在这 5 年间 PHC 在胶州湾水域的水平分布和污染源变化，为治理 PHC 污染的环境提供理论依据。

22.1　背　　景

22.1.1　胶州湾自然环境

　　胶州湾位于山东半岛南部，地理位置为 120°04′～120°23′E, 35°58′～36°18′N，以团岛与薛家岛连线为界，与黄海相通，面积约为 446km²，平均水深约为 7m，是一个典型的半封闭型海湾(图 22-1)。胶州湾入海的河流有十几条，其中径流

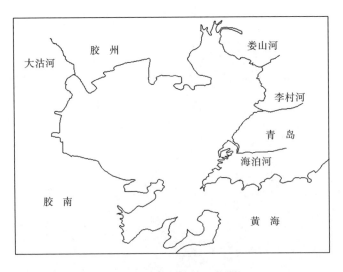

图 22-1　胶州湾地理位置

量和含沙量较大的为大沽河和洋河，青岛市区的海泊河、李村河和娄山河等河流均属季节性河流，河水水文特征有明显的季节性变化[7,8]。

22.1.2　数据来源与方法

本书所使用的调查数据由国家海洋局北海环境监测中心提供。按照国家标准方法进行胶州湾水体 PHC 的调查，该方法被收录在国家的《海洋监测规范》中[9]。

在 1984 年 7 月、8 月和 10 月，1985 年 4 月、7 月和 10 月，1986 年 4 月、7 月和 10 月，1987 年 5 月、7 月和 11 月，1988 年 4 月、7 月和 10 月，进行胶州湾水体 PHC 的调查[1-6]。

22.2　石油的水平分布

22.2.1　1984 年 7 月、8 月及 10 月水平分布

1984 年 7 月，在海泊河入海口的近岸水域，形成了 PHC 的高含量区 (0.06mg/L)，从湾的北部到南部形成了一系列不同梯度的半个同心圆 (图 22-2)。8 月，在娄山河入海口的近岸水域，形成了 PHC 的高含量区 (0.16mg/L)，PHC 含量等值线形成了一系列不同梯度的半个同心圆。10 月，在娄山河入海口的近岸水域，形成了 PHC 的高含量区 (0.05mg/L)，形成了一系列不同梯度的半个同心圆。

图 22-2　1984 年 7 月表层 PHC 的分布 (mg/L)

22.2.2　1985年4月、7月及10月水平分布

　　1985 年 4 月，在李村河入海口的近岸水域，形成了 PHC 的高含量区
(0.064mg/L)，从湾的北部到南部 PHC 含量等值线形成了一系列不同梯度的平行
线(图 22-3)。7 月，在海泊河入海口近岸水域的 2034 站位，形成了 PHC 的高含
量区(0.124mg/L)，从湾的北部到南部 PHC 含量等值线形成了一系列不同梯度的
平行线。10 月，在李村河入海口的近岸水域，形成了 PHC 的高含量区(0.121mg/L)，
从湾的北部到南部 PHC 含量等值线形成了一系列不同梯度的平行线。

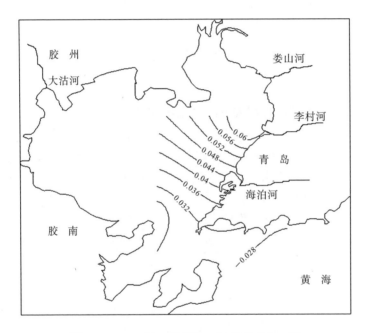

图 22-3　1985 年 4 月表层 PHC 的分布(mg/L)

22.2.3　1986年4月、7月及10月水平分布

　　1986 年 4 月，在娄山河入海口的近岸水域，形成了 PHC 的高含量区
(0.066mg/L)，从湾的北部到南部 PHC 含量等值线形成了一系列不同梯度的平行
线。7 月，在胶州湾湾外的东部近岸水域，形成了 PHC 的高含量区(0.122mg/L)，
从湾的北部到南部 PHC 含量等值线形成了一系列不同梯度的平行线(图 22-4)。10
月，在李村河入海口的近岸水域，PHC 的含量较高(0.017mg/L)，以东北部近岸
水域为中心形成了 PHC 的高含量区，从湾的北部到南部 PHC 含量等值线形成了
一系列不同梯度的平行线。

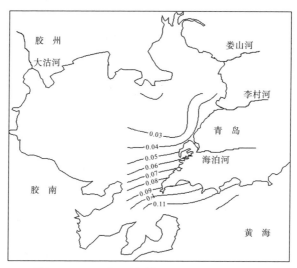

图 22-4 1986 年 7 月表层 PHC 的分布(mg/L)

22.2.4 1987 年 5 月、7 月及 11 月水平分布

1987 年 5 月，在胶州湾西南部的近岸水域，形成了 PHC 的高含量区 (0.060mg/L)，从湾的西南部到湾口 PHC 含量等值线形成了一系列不同梯度的平行线。7 月，在娄山河入海口的近岸水域，形成了 PHC 的高含量区(0.066mg/L)，从湾的北部到南部 PHC 含量等值线形成了一系列不同梯度的平行线。11 月，在胶州湾西南部的近岸水域，形成了 PHC 的高含量区(0.091mg/L)，从湾的西南部到湾口 PHC 含量等值线形成了一系列不同梯度的平行线(图 22-5)。

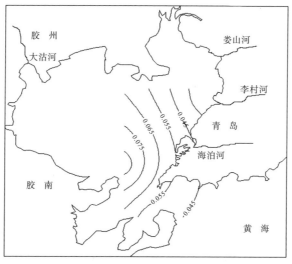

图 22-5 1987 年 11 月表层 PHC 的分布(mg/L)

22.2.5 1988年4月、7月及10月水平分布

1988 年 4 月，在李村河入海口的近岸水域，形成了 PHC 的高含量区
（0.064mg/L），从湾的北部到南部 PHC 含量等值线形成了一系列不同梯度的平行
线。7 月，在海泊河入海口的近岸水域，形成了 PHC 的高含量区（0.178mg/L），
PHC 含量等值线形成了一系列不同梯度的同心半圆（图 22-6）。10 月，在海泊河入
海口的近岸水域，形成了 PHC 的高含量区（0.169mg/L），PHC 含量等值线形成了
一系列不同梯度的同心半圆。

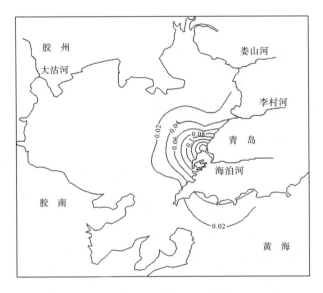

图 22-6 1988 年 7 月表层 PHC 的分布（mg/L）

22.3 石油的时空变化

22.3.1 来源的位置

在 1984～1988 年期间，每一年中均出现了 PHC 含量最高值的位置。

1984 年 7 月，在海泊河入海口的近岸水域，PHC 含量的最高值为 0.06mg/L，
表明 PHC 的来源是海泊河河流的输送。8 月，在娄山河入海口的近岸水域，PHC
含量的最高值为 0.16mg/L，表明 PHC 的来源是娄山河河流的输送。10 月，在娄
山河入海口的近岸水域，PHC 含量的最高值为 0.05mg/L，表明 PHC 的来源是娄
山河河流的输送。

　　1985 年 4 月，在李村河入海口的近岸水域，PHC 含量的最高值为 0.064mg/L，表明 PHC 的来源是李村河河流的输送。7 月，在海泊河入海口的近岸水域，PHC含量的最高值为 0.124mg/L，表明 PHC 的来源是海泊河河流的输送。10 月，在李村河入海口的近岸水域，PHC 含量的最高值为 0.121mg/L，表明 PHC 的来源是李村河河流的输送。

　　1986 年 4 月，在娄山河入海口的近岸水域，PHC 含量的最高值为 0.066mg/L，表明 PHC 的来源是娄山河河流的输送。7 月，在胶州湾湾外的东部近岸水域，PHC含量的最高值为 0.122mg/L，表明 PHC 的来源是外海海流的输送。10 月，在李村河入海口的近岸水域，PHC 含量的最高值为 0.017mg/L，表明 PHC 的来源是李村河河流的输送。

　　1987 年 5 月，在胶州湾西南部的近岸水域，PHC 含量的最高值为 0.060mg/L，表明 PHC 的来源是石油港口和石油船舶的输送。7 月，在娄山河入海口的近岸水域，PHC 含量的最高值为 0.066mg/L，表明 PHC 的来源是娄山河河流的输送。11月，在胶州湾西南部的近岸水域，PHC 含量的最高值为 0.091mg/L，表明 PHC 的来源是石油港口和石油船舶的输送。

　　1988 年 4 月，在李村河入海口的近岸水域，PHC 含量的最高值为 0.064mg/L，表明 PHC 的来源是李村河河流的输送。7 月，在海泊河入海口的近岸水域，PHC含量的最高值为 0.178mg/L，表明 PHC 的来源是海泊河河流的输送。10 月，在海泊河入海口的近岸水域，PHC 含量的最高值为 0.169mg/L，表明 PHC 的来源是海泊河河流的输送。

　　由此发现，在 1984～1988 年期间，PHC 高含量的污染源来自河流、外海海流以及石油港口和石油船舶。其中河流包括海泊河、李村河和娄山河(表 22-1)。于是，得到这样的结论：在海泊河、李村河和娄山河的入海口水域及它们之间的近岸水域，石油港口和石油船舶的近岸水域以及湾口水域，都会形成 PHC 的高含量区。在胶州湾水体中，PHC 来源于河流、外海海流以及石油港口和石油船舶，河流、外海海流以及石油港口和石油船舶带来了人类活动产生的污染。

表 22-1　PHC 的来源及污染程度

年份	月份	来源	含量/(mg/L)	污染程度
	7	海泊河	0.060	轻度污染
1984	8	娄山河	0.160	轻度污染
	10	娄山河	0.050	轻度污染
	4	李村河	0.064	轻度污染
1985	7	海泊河	0.124	轻度污染
	10	李村河	0.121	轻度污染

年份	月份	来源	含量/(mg/L)	污染程度
	4	娄山河	0.066	轻度污染
1986	7	外海海流	0.122	轻度污染
	10	李村河	0.017	没有污染
	5	石油港口和石油船舶	0.060	轻度污染
1987	7	娄山河	0.066	轻度污染
	11	石油港口和石油船舶	0.091	轻度污染
	4	李村河	0.064	轻度污染
1988	7	海泊河	0.178	轻度污染
	10	海泊河	0.169	轻度污染

22.3.2　来源的污染程度

在 1984 年，胶州湾水域 PHC 只有一个来源，就是河流的输送。海泊河河流输送的水体的 PHC 含量为 0.06mg/L，娄山河河流输送的水体的 PHC 含量为 0.05～0.16mg/L。表明河流受到 PHC 的轻度污染。

在 1985 年，胶州湾水域 PHC 只有一个来源，就是河流的输送。海泊河河流输送的水体的 PHC 含量为 0.124mg/L，李村河河流输送的水体的 PHC 含量为 0.064～0.121mg/L。表明海泊河和李村河的河流都受到 PHC 的轻度污染。

在 1986 年，胶州湾水域 PHC 有两个来源，主要是河流的输送和外海海流的输送。河流输送的水体的 PHC 含量为 0.017～0.066mg/L，外海海流输送的水体的 PHC 含量为 0.122mg/L。从河流输送的水体的 PHC 含量考虑，娄山河河流输送的水体的 PHC 含量为 0.066mg/L，李村河河流输送的水体的 PHC 含量为 0.017mg/L。表明娄山河河流和外海海流都受到 PHC 的轻度污染，李村河河流没有受到 PHC 的污染。

在 1987 年，胶州湾水域 PHC 有两个来源，主要是河流的输送与石油港口和石油船舶的输送。娄山河河流输送的水体的 PHC 含量为 0.066mg/L，石油港口和石油船舶输送的水体的 PHC 含量为 0.060～0.091mg/L。表明娄山河河流与石油港口和石油船舶都受到 PHC 的轻度污染。

在 1988 年，胶州湾水域 PHC 只有一个来源，主要是河流的输送。河流输送的水体的 PHC 含量为 0.064～0.178mg/L。其中，李村河河流输送的水体的 PHC 含量为 0.064mg/L，海泊河河流输送的水体的 PHC 含量为 0.169～0.178mg/L。表明李村河河流和海泊河河流都受到 PHC 的轻度污染，而海泊河比李村河受到 PHC 的污染严重。

在 1984～1988 年期间，胶州湾水域 PHC 高含量的来源有 3 个：河流、外海海流以及石油港口和石油船舶，其 PHC 含量为 0.017～0.178mg/L。

在胶州湾的湾内东部近岸水域，有 3 条入湾径流：海泊河、李村河和娄山河。这 3 条河流给胶州湾整个水域带来了 PHC 的高含量，其 PHC 含量为 0.017～0.178mg/L（表 22-2）。于是，胶州湾整个水域的 PHC 含量水平分布展示，以海泊河、李村河和娄山河的 3 个入海口为中心，形成了一系列不同的梯度，从中心沿梯度降低，扩展到胶州湾的整个水域。

在胶州湾的湾口内侧北部水域，有外海海流。外海海流给胶州湾的整个水域带来了 PHC 的高含量，其 PHC 含量为 0.122mg/L（表 22-2）。于是，胶州湾整个水域的 PHC 含量水平分布展示，以湾口内侧北部水域为中心，形成了一系列不同的梯度，从中心沿梯度降低，扩展到胶州湾的整个水域。

在胶州湾的西南部近岸水域，有石油港口和石油船舶。石油港口和石油船舶给胶州湾的整个水域带来了 PHC 的高含量，其 PHC 含量为 0.060～0.091mg/L（表 22-2）。于是，胶州湾整个水域的 PHC 含量水平分布展示，以西南部近岸水域为中心，形成了一系列不同的梯度，从中心沿梯度降低，扩展到胶州湾的整个水域。

综上，在 1984～1988 年期间，人类给河流带来的 PHC 最多。其次，是外海海流。再者，是石油港口和石油船舶。这样通过河流的输送，人类长期、不断地给海洋带来 PHC，使得整体海洋的 PHC 含量在升高。人类要采取积极的政策和措施，努力改善对河流造成的污染，降低胶州湾整个水域的 PHC 含量。

表 22-2　PHC 的来源及污染程度

项目	河流			外海海流	石油港口和石油船舶
	娄山河	李村河	海泊河		
输送的水体的 PHC 含量/（mg/L）	0.050～0.160	0.017～0.121	0.060～0.178	0.122	0.060～0.091
污染程度	轻度污染	轻度污染	轻度污染	轻度污染	轻度污染

22.3.3　年份变化

在 1984～1988 年期间，随着时间的变化，给胶州湾的整个水域带来高含量 PHC 的来源有 3 个：河流、外海海流以及石油港口和石油船舶（表 22-1）。随着时间的变化，胶州湾水域 PHC 的这 3 个来源出现频率有很大的不同。1984～1988 年，每年都有河流给胶州湾水体输送 PHC（0.017～0.178mg/L），而且，河流输送的 PHC 在增加（图 22-7）。那么，胶州湾整个水域的 PHC 主要是由河流输送的。在 1984～1988 年期间，外海海流给胶州湾水体输送 PHC 只有一次，而且，外海海流输送的水体的 PHC 含量(0.122mg/L)相对河流输送的水体比较低。外海海流输送的水体的 PHC 含量展示了海洋水体中 PHC 含量的高低，也表明人类向大海排放石油的累积。在 1984～1988 年期间，石油港口和石油船舶给胶州湾水体输送 PHC 只有两次，而且，输送的水体的 PHC 含量为 0.060～0.091mg/L，与河流的输送和外海海流的输送相比较，是最低的。石油港口和石油船舶输送的水体的 PHC 含量展示了人类在石油港口和石油船舶建设和运营的过程中，提高了对环境的保护意识，尽可能地减少石油对大海的影响。

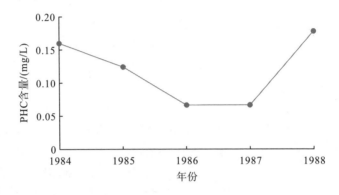

图 22-7　1984～1988 年河流输送 PHC 的高值变化

22.4　结　　论

在 1984～1988 年期间，PHC 高含量的来源是河流、外海海流以及石油港口和石油船舶。其中河流包括海泊河、李村河和娄山河。在海泊河、李村河和娄山河的入海口水域及它们之间的近岸水域，石油港口和石油船舶的近岸水域以及湾口水域，都会形成 PHC 的高含量区。人类给河流带来的 PHC 最多。其次，是外海海流。再者，是石油港口和石油船舶。这样通过河流的输送，人类长期、不断地给海洋带来 PHC，使得整体海洋的 PHC 在增加。

在 1984～1988 年期间，随着时间的变化，给胶州湾的整个水域带来高含量PHC 的来源有 3 个：河流、外海海流以及石油港口和石油船舶。随着时间的变化，胶州湾水域 PHC 的这 3 个来源出现频率有很大的不同。1984～1988 年，每年都有河流给胶州湾水体输送 PHC(0.017～0.178mg/L)，而且，河流输送的 PHC 在增加。那么，胶州湾整个水域 PHC 高含量主要是河流的输送。在 1984～1988 年期间，外海海流给胶州湾水体输送 PHC 只有一次，而且，外海海流输送的水体的PHC 含量为 0.122mg/L，相对河流的输送比较低。外海海流输送的水体的 PHC 含量展示了海洋水体中 PHC 含量的高低程度，也表明人类向大海排放石油的累积。

在 1984~1988 年期间，石油港口和石油船舶给胶州湾水体输送 PHC 只有两次，而且，输送的水体的 PHC 含量为 0.060~0.091mg/L，与河流的输送和外海海流的输送相比较，是最低的。石油港口和石油船舶输送的 PHC 含量展示了人类在石油港口和石油船舶建设和运营的过程中，提高了对环境的保护意识，尽可能地减少石油对大海的影响。

在胶州湾水体中，PHC 来源于河流、外海海流以及石油港口和石油船舶，河流、外海海流以及石油港口和石油船舶带来了人类活动产生的石油污染。人类要采取积极的政策和措施，努力改善对河流造成的污染，降低胶州湾整个水域的 PHC 含量。

参 考 文 献

[1] Yang D F, Zhang Y C, Zou J, et al. Contents and distribution of petroleum hydrocarbons (PHC) in Jiaozhou Bay waters[J]. Open Journal of Marine Science, 2011, 1(3): 108-112.

[2] 杨东方, 孙培艳, 陈晨, 等. 胶州湾水域石油烃的分布及污染源[J]. 海岸工程, 2013, 32(1): 60-72.

[3] Yang D F, Sun P Y, Ju L, et al. Distribution and changing of petroleum hydrocarbon in Jiaozhou Bay waters[J]. Applied Mechanics Materials, 2014, 644-650: 5312-5315.

[4] Yang D F, Sun P Y, Lian J, et al. Input features of petroleum hydrocarbon in Jiaozhou Bay[C]. Proceedings of the 2015 International Symposium on Computers and Informatics, 2015: 2647-2654.

[5] Yang D F, Wang F Y, Zhu S X, et al. Distribution and homogeneity of petroleum hydrocarbon in Jiaozhou Bay[C]. Proceedings of the 2015 International Symposium on Computers and Informatics, F, 2015.

[6] Yang D F, Sun P Y, Lian J, et al. Input features of petroleum hydrocarbon in Jiaozhou Bay[C]. Proceedings of the 2015 International Symposium on Computers and Informatics, 2015: 2647-2654.

[7] Yang D F, Gao Z H, Sun P Y, et al. Silicon limitation on primary production and its destiny in Jiaozhou Bay, China[J]. Chinese Journal of Oceanology and Limnology, 2005, 24(2): 169-175.

[8] 杨东方, 王凡, 高振会, 等. 胶州湾浮游藻类生态现象[J]. 海洋科学, 2004, 28(006): 71-74.

[9] 国家海洋局. 海洋监测规范[M]. 北京: 海洋出版社, 1991.

[10] 杨东方, 丁咨汝, 郑琳, 等. 胶州湾水域有机农药六六六的分布及均匀性[J]. 海岸工程, 2011, 30(2): 66-74.

第23章 胶州湾石油含量在海洋水体中的储存过程

人类在生产和冶炼石油的过程中，向大气、陆地和大海大量排放石油(PHC)。在空气、土壤、地表、河流等任何地方都有石油的残留物，而且，以各种不同的化学产品和污染物质的形式存在。因此，研究 PHC 在胶州湾水域的存在状况[1-6]，对了解 PHC 对环境造成的污染有着非常重要的意义。

本章根据 1984～1988 年胶州湾的调查资料，研究 PHC 在胶州湾海域的季节变化和月降水量变化，确定 PHC 含量的季节变化的来源和输送以及海洋的储存，展示胶州湾水域 PHC 含量的季节变化过程和在海洋水体中存储的过程，为 PHC 在胶州湾水域的来源、迁移、季节变化以及海洋储存的研究提供科学依据。

23.1 背　　景

23.1.1　胶州湾自然环境

胶州湾位于山东半岛南部，地理位置为 120°04′～120°23′E，35°58′～36°18′N，以团岛与薛家岛连线为界，与黄海相通，面积约为 446km²，平均水深约为 7m，是一个典型的半封闭型海湾(图 23-1)。胶州湾入海的河流有十几条，其中径流量和含沙量较大的为大沽河和洋河，青岛市区的海泊河、李村河和娄山河等河流均属季节性河流，河水水文特征有明显的季节性变化[7,8]。

23.1.2　数据来源与方法

本书所使用的调查数据由国家海洋局北海环境监测中心提供。按照国家标准方法进行胶州湾水体 PHC 的调查，该方法被收录在国家的《海洋监测规范》中[9]。

在 1984 年 7 月、8 月和 10 月，1985 年 4 月、7 月和 10 月，1986 年 4 月、7 月和 10 月，1987 年 5 月、7 月和 11 月，1988 年 4 月、7 月和 10 月，进行胶州湾水体 PHC 的调查[1-6]。以每年 4 月、5 月、6 月代表春季，7 月、8 月、9 月代表夏

季，10 月、11 月、12 月代表秋季。

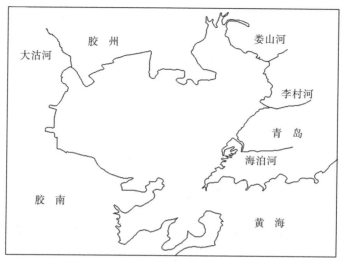

图 23-1　胶州湾地理位置

23.2　石油的季节分布

23.2.1　1984 年季节分布

1984 年夏季，7 月，在海泊河入海口的近岸水域，PHC 含量的最高值为 0.06mg/L；8 月，在娄山河入海口的近岸水域，PHC 含量的最高值为 0.16mg/L。表明夏季的 PHC 表层含量达到了 0.06～0.16mg/L，夏季 PHC 的来源是河流的输送。秋季，10 月，在娄山河入海口的近岸水域，PHC 含量的最高值为 0.05mg/L。表明秋季的 PHC 表层含量达到了 0.05mg/L，秋季 PHC 的来源是河流的输送。因此，在胶州湾的表层水体中，夏季的 PHC 含量高于秋季。这样，PHC 的表层含量的季节变化从高到低为夏季、秋季。于是，在夏季和秋季，河流的流量决定输送的 PHC。

23.2.2　1985 年季节分布

1985 年春季，4 月，在李村河入海口的近岸水域，PHC 含量的最高值为 0.064mg/L，表明春季的 PHC 含量达到了 0.064mg/L，春季 PHC 的来源是河流的输送。夏季，7 月，在海泊河入海口的近岸水域，PHC 含量的最高值为 0.124mg/L，表明夏季的 PHC 含量达到了 0.124mg/L，夏季 PHC 的来源是河流的输送。秋季，

10 月，在李村河入海口的近岸水域，PHC 含量的最高值为 0.121mg/L，表明秋季的 PHC 含量达到了 0.121mg/L，秋季 PHC 的来源是河流的输送。因此，在胶州湾水体中，PHC 的表层含量夏季比秋季高，而春季是最低的。这样，PHC 的表层含量的季节变化从高到低为夏季、秋季和春季，PHC 含量的季节变化形成了春季、夏季、秋季的一个峰值曲线。于是，河流的流量决定了输送的 PHC。

23.2.3　1986 年季节分布

1986 年春季，4 月，在娄山河入海口的近岸水域，PHC 含量的最高值为 0.066mg/L，表明春季的 PHC 含量达到了 0.066mg/L，春季 PHC 的来源是河流的输送。夏季，7 月，在胶州湾湾外的东部近岸水域，PHC 含量的最高值为 0.122mg/L，表明夏季的 PHC 含量达到了 0.122mg/L，夏季 PHC 的来源是外海海流的输送。秋季，10 月，在李村河入海口的近岸水域，PHC 含量的最高值为 0.017mg/L，表明秋季的 PHC 含量达到了 0.017mg/L，秋季 PHC 的来源是河流的输送。因此，在胶州湾水体中，PHC 的表层含量夏季比春季高，而秋季是最低的。这样，PHC 的表层含量的季节变化从高到低为夏季、春季和秋季，PHC 含量的季节变化形成了春季、夏季、秋季的一个峰值曲线。于是，在春季和秋季，河流的流量决定了输送的 PHC。

23.2.4　1987 年季节分布

1987 年春季，5 月，在胶州湾西南部的近岸水域，PHC 含量的最高值为 0.060mg/L，表明春季的 PHC 含量达到了 0.060mg/L，春季 PHC 的来源是石油港口和石油船舶的输送。夏季，7 月，在娄山河入海口的近岸水域，PHC 含量的最高值为 0.066mg/L，表明夏季的 PHC 含量达到了 0.066mg/L，夏季 PHC 的来源是河流输送。秋季，11 月，在胶州湾西南部的近岸水域，PHC 含量的最高值为 0.091mg/L，表明秋季的 PHC 含量达到了 0.091mg/L，秋季 PHC 的来源是石油港口和石油船舶的输送。因此，在胶州湾水体中，PHC 的表层含量秋季比夏季高，而春季是最低的。这样，在春季和秋季，石油港口和石油船舶的运营状况决定了输送的 PHC。

23.2.5　1988 年季节分布

1988 年春季，4 月，在李村河入海口的近岸水域，PHC 含量的最高值为 0.064mg/L，表明春季的 PHC 含量达到了 0.064mg/L，春季 PHC 的来源是河流的输送。夏季，7 月，在海泊河入海的口近岸水域，PHC 含量的最高值为 0.178mg/L，表明夏季的 PHC 含量达到了 0.178mg/L，夏季 PHC 的来源是河流的输送。秋季，10 月，在海泊河入海口的近岸水域，PHC 含量的最高值为 0.169mg/L，表明秋季的 PHC 含量达到了 0.169mg/L，秋季 PHC 的来源是河流的输送。因此，在胶州湾水体中，PHC 的表层含量夏季比秋季高，而春季是最低的。这样，PHC 的表层含量的季节变化从高到低为夏季、秋季和春季，PHC 的季节变化形成了春季、夏季、秋季的一个峰值曲线。于是，河流的流量决定了输送的 PHC。

23.2.6　月降水量变化

1982 年 6 月至 1984 年 12 月，青岛地区的气候平均月降水量的季节变化趋势非常明显。以夏季为最高，与春季、秋季、冬季相比，每年只有一个夏季的高峰值。以冬季为最低，与春季、夏季、秋季相比，每年只有一个冬季的低谷值。1月，降水量是一年中最低的，为 11.8mm。从 1 月开始缓慢上升，5 月，降水量增加加快，一直到 8 月，经过 7 个月的上升，降水量增长到高峰值(150.3mm)。然后开始迅速下降，11 月，降水量减少放慢，一直到 1 月，经过 5 个月的下降，达到低谷值(图 23-2)。周而复始。11 月，降水量为 23.4mm，4 月，降水量为 33.4mm。表明从 11 月一直到第二年的 4 月，这 5 个月的降水量都低于 33.4mm。在春季、夏季和秋季中，春季的降水量比较高，夏季的最高，而秋季的最低。这样，胶州湾的河流流量也具有这样的特征：春季的河流流量比较高，夏季是最高，而秋季的最低。因此，河流输送的 PHC 也具有这样的特征：春季输送的 PHC 较多，夏季最多，而秋季最少。表明输送的 PHC 含量是由河流的流量来决定的。

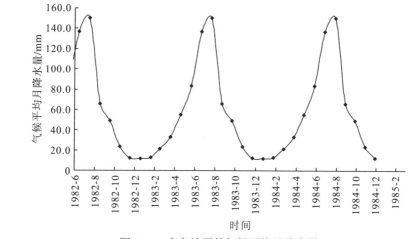

图 23-2　青岛地区的气候平均月降水量

23.3　海洋水体中 PHC 的储存过程

23.3.1　使用量

改革开放以来，我国国民经济连续高速发展，对能源的需求急剧增加。石油产量每年有所增长。1978～1990 年是中国经济平稳增长时期，国家统计局统计数据显示中国石油的消费量从 1978 年的 9130 万 t 增长到 1990 年的 11030 万 t，年均增长 158 万 t，年均增长率为 1.6%。这样，石油消费在 1984～1988 年期间也在持续增加。

23.3.2　输送的来源

石油经过加工提炼，可以得到的产品大致可分为四大类：燃料、润滑油、沥青、溶剂。利用现代的石油加工技术，从石油宝库中人们已能获取 5000 种以上的产品，石油产品已遍及工业、农业、国防、交通运输和人们日常生活的各个领域。因此，石油产品在工业、农业和日常生活中都离不开。

人类在生产和冶炼石油的过程中，向大气、陆地和大海大量排放石油。在空气、土壤、地表、河流等任何地方都有石油的残留物，而且，以各种不同的化学产品和污染物质的形式存在。在 1984～1988 年期间，胶州湾水体中高含量 PHC 的来源是河流、外海海流以及石油港口和石油船舶，其中河流包括海泊河、李村河和娄山河 (图 23-3)。

23.3.3　河流的输送

人类向大气、陆地和大海大量排放石油，在任何地方都有石油的残留物，如在空气、土壤、地表、河流等环境中。降雨就像一把扫帚将陆地上、大气中的石油都带到河流水体中。这样，石油的残留物经过地面水和地下水汇集到河流中，最后迁移到海洋水体中。这样，河流的 PHC 含量由河流的流量决定。

1982 年 6 月至 1984 年 12 月，青岛地区的气候平均月降水量在 8 月达到高峰值。因此，随着降水量的增长，雨水的冲刷将地面上和土壤中的石油残留物带到河流中。然后，河流的输送将石油的残留物带到胶州湾。这样，胶州湾的石油含量随着降水量的变化而变化。

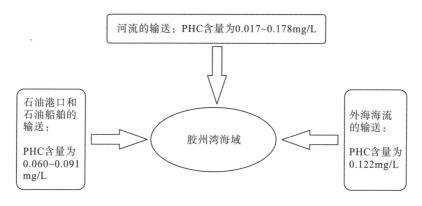

图 23-3 向胶州湾输入 PHC 的过程模型框图

23.3.4 陆地迁移过程

PHC 的陆地迁移是通过河流的输送来完成的。在 1984～1988 年期间，在陆地上，无论是春季、夏季还是秋季，胶州湾 PHC 的来源都是河流的输送。在胶州湾的周围，春季的降水量比较高，夏季的最高，而秋季的最低。那么，在胶州湾的河流流量也具有这样的特征：春季的河流流量比较高，夏季的最高，而秋季的最低。而且，河流输送的 PHC 也具有这样的特征：春季输送的 PHC 较多，夏季最多，秋季最少。因此，在 1984～1988 年期间，在胶州湾水体中，PHC 含量呈现出明显的季节变化：春季的 PHC 含量比较高，夏季的最高，而秋季的最低。表明输送的 PHC 由河流的流量来决定。

1982 年 6 月至 1984 年 12 月，青岛地区的气候平均月降水量展示，8 月，降水量增长到高峰值。因此，随着降水量的增长，雨水的冲刷将地面上和土壤中的石油残留物带到河流中。然后，河流的输送将石油残留物带到胶州湾。这样，胶州湾的石油含量随着降水量的变化而变化。例如，1985 年和 1988 年 PHC 含量的季节分布，在胶州湾水体中，PHC 的表层含量在夏季比春季高，而秋季是最低。在 1984 年和 1986 年 PHC 含量的季节分布，在河流的输送下，依然符合这个季节变化规律：在胶州湾水体中，PHC 的表层含量在夏季比春季高，而秋季的最低。而在 1987 年，石油港口和石油船舶的运营状况决定输送的 PHC，就无法依照河流输送的 PHC 来确定 PHC 含量的季节分布。

23.3.5 海洋中的储存

在 1984～1988 年期间，在胶州湾水体中，PHC 含量主要由河流输送。经过长年累月的河流输送，海洋中的 PHC 不断累积，在海洋水体中储存，于是，随着时间的变化，海洋水体中 PHC 也在增加。在胶州湾水体中，当没有来源时，PHC

含量的背景值是 0.005mg/L。当外海海流输送 PHC 到胶州湾时，PHC 含量的最高值为 0.122mg/L。揭示海洋水体中的 PHC 含量达到了 0.122mg/L，如果考虑海洋水体中 PHC 含量的背景值是 0.005mg/L，那么，0.122mg/L−0.005mg/L=0.117mg/L 就是海洋长期受到 PHC 输入的结果。因此，人类活动不断输入 PHC 使得海洋水体中的 PHC 含量在持续升高(图 23-4)。

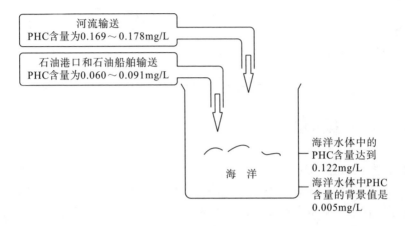

图 23-4　人类向海洋水体中不断输入 PHC 的模型框图

23.4　结　　论

在 1984～1988 年期间，在陆地上，无论是春季、夏季还是秋季，胶州湾 PHC 的来源都是河流的输送。PHC 的陆地迁移是通过河流的输送来完成的。在胶州湾的周围，春季的降水量比较高，夏季的最高，而秋季最低。那么，在胶州湾的河流流量也具有这样的特征：春季的河流流量比较高，夏季的最高，而秋季的最低。而且，河流输送的 PHC 也具有这样的特征：春季输送的 PHC 较多，夏季最多，秋季最少。因此，作者发现 PHC 含量的季节变化规律：在 1984～1988 年期间，在胶州湾水体中，春季的 PHC 含量比较高，夏季是最高，而秋季最低。而且，河流的流量和胶州湾附近盆地的降水量的季节变化规律与 PHC 含量的季节变化规律一致。表明输送的 PHC 含量由河流的流量来决定，同样，河流的流量由胶州湾附近盆地的降水量来决定。

在 1984～1988 年期间，胶州湾水体中，PHC 主要由河流输送。经过长年累月的河流输送，海洋中的 PHC 不断累积，在海洋水体中储存，于是，随着时间的变化，海洋水体中 PHC 也在增加。在胶州湾水体中，当没有来源时，PHC 含量的背景值是 0.005mg/L。当外海海流输送 PHC 到胶州湾时，PHC 含量的最高值为

0.122mg/L。因此，人类活动不断输入 PHC 使得海洋水体中的 PHC 含量在持续升高。这引起人类对海洋水体中石油含量的变化的警觉和关注，在日常生活和工农业发展的过程中，尽可能地减少向环境中排放石油。

参 考 文 献

[1] Yang D F, Zhang Y C, Zou J, et al. Contents and distribution of petroleum hydrocarbons（PHC）in Jiaozhou Bay waters[J]. Open Journal of Marine Science, 2011, 1（3）: 108-112.

[2] 杨东方, 孙培艳, 陈晨, 等. 胶州湾水域石油烃的分布及污染源[J]. 海岸工程, 2013, 32（1）: 60-72.

[3] Yang D F, Sun P Y, Ju L, et al. Distribution and changing of petroleum hydrocarbon in Jiaozhou Bay waters[J]. Applied Mechanics Materials, 2014, 644-650: 5312-5315.

[4] Yang D F, Sun P Y, Lian J, et al. Input features of petroleum hydrocarbon in Jiaozhou Bay[C]. Proceedings of the 2015 International Symposium on Computers and Informatics, 2015: 2647-2654.

[5] Yang D F, Wang F Y, Zhu S X, et al. Distribution and homogeneity of petroleum hydrocarbon in Jiaozhou Bay[C]. Proceedings of the 2015 International Symposium on Computers and Informatics, F, 2015.

[6] Yang D F, Wu Y F, He H Z, et al. Vertical distribution of petroleum hydrocarbon in Jiaozhou Bay[C]. Proceedings of the International Symposium on Computers & Informatics, F, 2015.

[7] 杨东方, 王凡, 高振会, 等. 胶州湾浮游藻类生态现象[J]. 海洋科学, 2004, 28（006）: 71-74.

[8] Yang D F, Gao Z H, Sun P Y, et al. Silicon limitation on primary production and its destiny in Jiaozhou Bay, China [J]. Chinese Journal of Oceanology and Limnology, 2005, 24（2）: 169-175.

[9] 国家海洋局. 海洋监测规范[M]. 北京: 海洋出版社, 1991.

第 24 章　胶州湾水域石油时空变化的
过程及机制

世界各个国家的发展，尤其是发达国家，都经过了工农业的迅猛发展，对石油的需求量不断增加。在这个过程中，人类向大气、陆地和大海大量排放石油(PHC)。在空气、土壤、地表、河流等任何地方都有石油的残留物，而且，以各种不同的化学产品和污染物质的形式存在。人类长期大量使用 PHC，且 PHC 化学性质稳定，不易分解，故 PHC 长期残留于环境中。PHC 及其化合物属于剧毒物质，对环境和人类健康产生持久性的毒害作用[1-6]。因此，研究水体中 PHC 的迁移过程及规律，对 PHC 在水体中迁移过程的研究有着非常重要的意义。

本章根据 1984~1988 年胶州湾水域的调查资料，在空间上，研究 PHC 每年在胶州湾水域的存在状况[1-6]；在时间上，研究这 5 年间 PHC 在胶州湾水域的变化过程[1-6]。因此，通过 PHC 对胶州湾海域水质影响的研究，展示了 PHC 在胶州湾海域的迁移过程及规律，为治理 PHC 污染的环境提供理论依据。

24.1　背　　景

24.1.1　胶州湾自然环境

胶州湾位于山东半岛南部，地理位置为 120°04′~120°23′E，35°58′~36°18′N，以团岛与薛家岛连线为界，与黄海相通，面积约为 446km^2，平均水深约为 7m，是一个典型的半封闭型海湾(图 24-1)。胶州湾入海的河流有十几条，其中径流量和含沙量较大的为大沽河和洋河，青岛市区的海泊河、李村河和娄山河等河流均属季节性河流，河水水文特征有明显的季节性变化[7,8]。

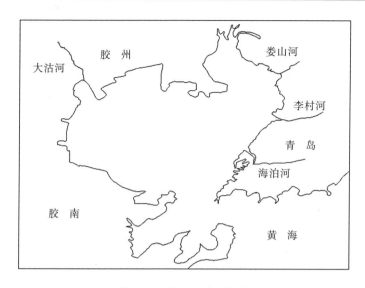

图 24-1　胶州湾地理位置

24.1.2　数据来源与方法

本书所使用的调查数据由国家海洋局北海环境监测中心提供。按照国家标准方法进行胶州湾水体 PHC 的调查，该方法被收录在国家的《海洋监测规范》中[9]。

在 1984 年 7 月、8 月和 10 月，1985 年 4 月、7 月和 10 月，1986 年 4 月、7 月和 10 月，1987 年 5 月、7 月和 11 月，1988 年 4 月、7 月和 10 月，进行胶州湾水体 PHC 的调查[1-6]。以每年 4 月、5 月、6 月代表春季，7 月、8 月、9 月代表夏季，10 月、11 月、12 月代表秋季。

24.2　石油的研究结果

24.2.1　1984 年研究结果

根据 1984 年 7 月、8 月和 10 月胶州湾水域的调查资料，研究了胶州湾水域 PHC 的含量、表层水平分布。结果表明，PHC 在胶州湾水体中的含量为 0.01～0.16mg/L，都符合国家一、二类海水水质标准(0.05mg/L)和三类海水水质标准(0.30mg/L)。在胶州湾水域，水质受到 PHC 的轻度污染。胶州湾水域 PHC 只有一个来源，是河流的输送。海泊河河流输送的水体的 PHC 含量为 0.06mg/L，娄山河河流输送的水体的 PHC 含量为 0.05～0.16mg/L。表明河流受到 PHC 的轻度污染。因此，人类需要减少 PHC 的排放，以减少 PHC 对河流和海洋的污染。

24.2.2　1985 年研究结果

根据 1985 年 4 月、7 月和 10 月胶州湾水域的调查资料，研究了胶州湾水域 PHC 的含量、表层水平分布。结果表明，PHC 在胶州湾水体中的含量为 0.010～0.124mg/L，都符合国家一、二类海水水质标准(0.05mg/L)和三类海水水质标准(0.30mg/L)。在胶州湾水域，水质受到 PHC 的中度污染。胶州湾东北部沿岸水域 PHC 含量比较高，而南部沿岸水域 PHC 含量比较低。胶州湾的湾内水域 PHC 含量比较高，而胶州湾的湾外水域 PHC 含量比较低。胶州湾水域 PHC 只有一个来源，是河流的输送。海泊河河流输送的水体的 PHC 含量为 0.124mg/L，李村河河流输送的水体的 PHC 含量为 0.064～0.121mg/L。表明河流受到 PHC 的中度污染。通过河流的输送，胶州湾整个水域受到 PHC 的污染比较重，但胶州湾的湾外受到 PHC 的污染比较轻。

24.2.3　1986 年研究结果

根据 1986 年 4 月、7 月和 10 月胶州湾水域的调查资料，研究了胶州湾水域 PHC 的含量、表层水平分布。结果表明，PHC 在胶州湾水体中的含量为 0.005～0.122mg/L，都符合国家一、二类海水水质标准(0.05mg/L)和三类海水水质标准(0.30mg/L)。在胶州湾水域，水质受到 PHC 的轻度污染。4 月，胶州湾东北部沿岸水域 PHC 含量比较高，而南部沿岸水域 PHC 含量比较低。7 月，胶州湾的湾外水域 PHC 含量比较高，而胶州湾的湾内水域 PHC 含量比较低。10 月，胶州湾的湾内和湾外水域 PHC 含量都比较低。胶州湾水域 PHC 有两个来源，主要是河流的输送和外海海流的输送。河流输送的水体的 PHC 含量为 0.017～0.066mg/L，外海海流输送的水体的 PHC 含量为 0.122mg/L。揭示了河流输送的水体的 PHC 含量变化范围远远小于外海海流输送的水体的 PHC 含量，外海海流受到的 PHC 污染也远远大于河流受到的 PHC 污染。

24.2.4　1987 年研究结果

根据 1987 年 5 月、7 月和 11 月胶州湾水域的调查资料，研究了胶州湾水域 PHC 的含量、表层水平分布。结果表明，PHC 在胶州湾水体中的含量为 0.014～0.091mg/L，都符合国家一、二类海水水质标准(0.05mg/L)和三类海水水质标准(0.30mg/L)。在胶州湾水域，水质受到 PHC 的轻度污染。5 月和 11 月，在胶州湾西南部的近岸水域 PHC 含量比较高，而湾内和湾外水域 PHC 含量比较低。7月，在胶州湾东北部娄山河入海口的近岸水域 PHC 含量比较高，而湾内和湾外水域 PHC 含量比较低。胶州湾水域 PHC 有两个来源，主要是河流的输送及石油港口和石油船舶的输送。河流输送的水体的 PHC 含量为 0.066mg/L，石油港口和石油船舶输送的水体的 PHC 含量为 0.060～0.091mg/L。揭示了河流输送的水体的 PHC 含量变化范围与石油港口和石油船舶输送的水体的 PHC 含量相一致，河流及石油港口和石油船舶都带来了 PHC 的轻度污染，而且 PHC 的来源不同，PHC 在胶州湾的迁移路径不同。

24.2.5　1988 年研究结果

根据 1988 年 4 月、7 月和 10 月胶州湾水域的调查资料，研究了胶州湾水域 PHC 的含量、表层水平分布。结果表明，PHC 在胶州湾水体中的含量为 0.005～0.178mg/L，都符合国家一、二类海水水质标准(0.05mg/L)和三类海水水质标准(0.30mg/L)。在胶州湾水域，水质受到 PHC 的中度污染。4 月、7 月和 10 月，胶州湾东北部沿岸水域 PHC 含量比较高，而南部沿岸水域 PHC 含量比较低。胶州湾的湾内水域 PHC 含量比较高，而胶州湾的湾外水域 PHC 含量比较低。胶州湾水域 PHC 只有一个来源，是河流的输送。李村河河流输送的水体的 PHC 含量为 0.064mg/L，海泊河河流输送的水体的 PHC 含量为 0.169～0.178mg/L。揭示了不同的河流受到 PHC 的污染程度是不同的，而同一条河流在不同的时间输送的水体的 PHC 含量基本是一致的。随着输入来源的 PHC 含量的变化，其水平分布呈现出不同的变化特征。将 PHC 含量的变化过程分为 3 个阶段，当输入来源的 PHC 含量从高到低变化时，出现 3 种水平分布模式：半圆式、半圆平行式和平行式，用 3 个模型框图来表示。由此认为，这 3 个模型框图展示了来源的 PHC 含量的变化过程。

24.3　石油的时空变化过程

24.3.1　含量的年份变化

根据 1984～1988 年胶州湾水域的调查资料，研究 PHC 在胶州湾水域的含量、年份变化和季节变化。结果表明，在 1984～1988 年期间，在胶州湾表层水体中 PHC 的含量符合国家一、二、三类海水水质标准，胶州湾受到 PHC 的轻度污染。在胶州湾水体中 PHC 含量在春季相对较低，夏季很高，秋季比较高。在胶州湾水体中，在春季，PHC 含量的高值几乎没有变化，且 PHC 含量的高值比较低；在夏季，在胶州湾水体中 PHC 含量的高值逐年在振荡中增加，PHC 含量的高值很高；在秋季，在胶州湾水体中 PHC 含量的高值逐年在振荡中增加，PHC 含量的高值比较高。在胶州湾表层水体中，PHC 含量的低值始终维持在最低值（0.005mg/L），表明这个水域的 PHC 含量背景值为 0.005mg/L。因此，1984～1988年，胶州湾受到 PHC 的污染在缓慢增加，水质一直受到 PHC 的轻度污染。

24.3.2　来源变化过程

根据 1984～1988 年胶州湾水域的调查资料，分析 PHC 在胶州湾水域的水平分布和来源变化，确定在胶州湾水域 PHC 污染源的位置、范围、类型和年份变化特征及变化过程。研究结果表明，在 1984～1988 年期间，PHC 高含量的来源是河流、外海海流以及石油港口和石油船舶。其中河流包括海泊河、李村河和娄山河。在海泊河、李村河和娄山河的入海口水域及它们之间的近岸水域，石油港口和石油船舶的近岸水域以及湾口水域，都会形成 PHC 的高含量区。人类给河流带来的 PHC 含量最多（0.017～0.178mg/L）。其次，是外海海流（0.122mg/L）。再者，是石油港口和石油船舶（0.060～0.091mg/L）。这样，人类通过河流的输送，长期、不断地给海洋带来 PHC，使得整体海洋的 PHC 含量在升高。1984～1988 年，每年都有河流给胶州湾水体输送 PHC，而且，河流输送的 PHC 在增加。在 1984～1988 年期间，外海海流给胶州湾水体输送 PHC 只有一次，外海海流输送的 PHC展示了海洋水体中 PHC 含量的高低，也表明人类向大海排放石油的累积。在1984～1988 年期间，石油港口和石油船舶给胶州湾水体输送 PHC 只有两次，且石油港口和石油船舶输送的 PHC 最少，展示了在石油港口和石油船舶建设和运营的过程中，人类提高了对环境的保护意识，尽可能地减少石油对大海的影响。因此，人类要采取积极的政策和措施，努力改善对河流造成的污染，降低胶州湾整个水域的 PHC 含量。

24.3.3　陆地迁移过程

根据 1984～1988 年胶州湾水域的调查资料，分析在胶州湾水域 PHC 含量的季节变化和月降水量变化。研究结果表明，在 1984～1988 年期间，在陆地上，无论是春季、夏季还是秋季，胶州湾 PHC 的来源都是河流的输送。PHC 的陆地迁移是通过河流的输送来完成的。作者发现 PHC 含量的季节变化规律：在 1984～1988 年期间，在胶州湾水体中，春季的 PHC 含量比较高，夏季的最高，而秋季的最低。而且，河流的流量和胶州湾附近盆地的降水量都具有 PHC 含量的季节变化规律。表明输送的 PHC 的含量由河流的流量来决定，同样，河流的流量由胶州湾附近盆地的降水量来决定。在 1984～1988 年期间，在胶州湾水体中，PHC 主要由河流输送。经过长年累月的河流输送，海洋中的 PHC 不断累积，在海洋水体中储存，于是，随着时间的变化，海洋水体中 PHC 含量也在升高。在胶州湾水体中，当没有来源时，PHC 含量的背景值是 0.005mg/L。当外海海流输送 PHC 到胶州湾时，PHC 含量的最高值为 0.122mg/L。可用模型框图来表示，说明人类的不断输入使得海洋水体中的 PHC 含量在持续升高。这引起人类对海洋水体中石油含量的变化的警觉和关注。

24.4　石油的时空迁移机制

24.4.1　石油的空间迁移机制

根据 1984～1988 年对胶州湾海域水体中 PHC 含量的调查分析[1-6]，展示了每年的研究结果具有以下规律：

(1)由于人类对 PHC 的使用，胶州湾水域中的 PHC 主要来源于河流的输送。

(2)PHC 在胶州湾水域的含量变化由相应时间段河流输送的 PHC 来决定。

(3)河流的流量决定河流的 PHC 含量。

(4)河流的流量由胶州湾附近盆地的降水量所决定。

(5)胶州湾受到 PHC 的污染在缓慢增加。

(6)水质一直受到 PHC 的轻度污染。

(7)PHC 高含量的来源是河流、外海海流以及石油港口和石油船舶。

(8)每年都有河流给胶州湾水体输送 PHC。

(9)河流输送的 PHC 在增加。

(10)PHC 的来源迁移包括陆地来源迁移和海洋水流来源迁移。

(11)在陆地上，无论是春季、夏季还是秋季，胶州湾 PHC 的来源是河流的输送。

(12)PHC 的陆地迁移是通过河流的输送来完成的。

(13)PHC 含量有季节变化规律。

(14)河流的流量和胶州湾附近盆地的降水量都具有 PHC 含量的季节变化规律。

(15)随着时间的变化，海洋水体中 PHC 含量也在升高。

因此，随着空间的变化，以上研究结果揭示了水体中 PHC 的迁移规律。

24.4.2　石油的时间迁移机制

根据 1984～1988 年对胶州湾海域水体中 PHC 的调查分析[1-6]，展示了 5 年间的研究结果。1984～1988 年，胶州湾受到 PHC 的污染程度在缓慢增加，水质一直受到 PHC 的轻度污染，展示了 PHC 含量的年份变化过程。胶州湾沿岸水域的

PHC 含量变化趋势，展示了 PHC 来源的变化过程。河流的流量和胶州湾附近盆地的降水量，展示了 PHC 的陆地迁移过程：河流的流量决定胶州湾水体中 PHC 的含量。水体中 PHC 含量的变化过程，阐明了 PHC 的迁移规律及原因。

因此，随着时间的变化，以上研究结果揭示了水体中 PHC 的迁移过程。

24.5　结　　论

根据 1984～1988 年胶州湾水域的调查资料，在空间尺度上，通过每年 PHC 含量的数据分析，从含量、水平分布和季节分布的角度，研究 PHC 在胶州湾海域的来源、水质、分布以及迁移状况，得到了许多迁移规律。在时间尺度上，对这 5 年的 PHC 含量数据进行探讨，研究 PHC 含量在胶州湾水域的变化过程，得到了以下的研究结果：①含量的年份变化；②污染源变化过程；③陆地迁移过程。这些规律和变化过程为研究 PHC 在水体中的迁移提供坚实的理论依据，也对其他重金属在水体中的迁移研究给予启迪。

在工业、农业、城市生活的迅速发展中，人类大量使用 PHC。于是，PHC 污染了环境和生态。在胶州湾水体中，PHC 主要由河流输送。经过长年累月的河流输送，海洋中的 PHC 不断累积，在海洋水体中储存，于是，随着时间的变化，海洋水体中 PHC 含量也在升高。因此，人类活动不断输入 PHC，使得海洋水体中的 PHC 含量在持续升高。这使得人类对海洋水体中石油含量的变化引起警觉和关注。人类的生活不仅依赖陆地，而且依赖海洋，人类只有长期地观察和调查海洋的环境和生态变化，才能够健康可持续地生活。

参 考 文 献

[1] Yang D F, Zhang Y C, Zou J, et al. Contents and distribution of petroleum hydrocarbons（PHC）in Jiaozhou Bay waters[J]. Open Journal of Marine Science, 2011, 1（3）: 108-112.

[2] 杨东方, 孙培艳, 陈晨, 等. 胶州湾水域石油烃的分布及污染源[J]. 海岸工程, 2013, 32（1）: 60-72.

[3] Yang D F, Sun P Y, Ju L, et al. Distribution and changing of petroleum hydrocarbon in Jiaozhou Bay waters[J]. Applied Mechanics Materials, 2014, 644-650: 5312-5315.

[4] Yang D F, Sun P Y, Lian J, et al. Input features of petroleum hydrocarbon in Jiaozhou Bay[C]. Proceedings of the 2015 International Symposium on Computers and Informatics, 2015: 2647-2654.

[5] Yang D F, Wang F Y, Zhu S X, et al. Distribution and homogeneity of petroleum hydrocarbon in Jiaozhou Bay[C]. Proceedings of the 2015 International Symposium on Computers and Informatics, F, 2015.

[6] Yang D F, Wu Y F, He H Z, et al. Vertical distribution of petroleum hydrocarbon in Jiaozhou Bay[C]. Proceedings of the International Symposium on Computers & Informatics, F, 2015.

[7] 杨东方, 王凡, 高振会, 等. 胶州湾浮游藻类生态现象[J]. 海洋科学, 2004, 28(006): 71-74.

[8] Yang D F, Gao Z H, Sun P Y, et al. Silicon limitation on primary production and its destiny in Jiaozhou Bay, China [J]. Chinese Journal of Oceanology and Limnology, 2005, 24(2): 169-175.

[9] 国家海洋局. 海洋监测规范[M]. 北京: 海洋出版社, 1991.

致　谢

细大尽力，莫敢怠荒，远迩辟隐，专务肃庄，端直敦忠，事业有常。

——《史记·秦始皇本纪》

此书得以完成，要感谢国家海洋局北海环境监测中心主任姜锡仁以及北海监测中心的全体同仁；感谢国家海洋局第一海洋研究所副所长高振会；感谢浙江海洋学院校长苗振清教授；感谢上海海洋大学副校长李家乐教授；感谢国家海洋局闽东海洋环境监测中心站站长秦明慧教授；感谢贵州民族大学校长王凤友教授；感谢陕西国际商贸学院校长黄新民教授；感谢西京学院校长任芳教授；感谢西安交通工程学院理事长张晋生教授。诸位给予的大力支持及提供的良好的研究环境，是我们科研事业发展的动力引擎。

在此书付梓之际，对给予许多热心指点和有益传授的吴永森教授，在此表示深深的谢意和祝福。

许多同学和同事在我的研究工作中给予了许多很好的建议和有益帮助，在此表示衷心的感谢和祝福。

《海岸工程》编辑部的吴永森教授、杜素兰教授、孙亚涛老师；《海洋科学》编辑部的张培新教授、梁德海教授、刘珊珊教授、谭雪静老师；*Meterological and Environmental Research* 编辑部的宋平老师、杨莹莹老师、李洪老师；广州科奥信息技术有限公司的刘国兴董事长、岑丰杰总经理以及陈思婷老师和林丽萍老师，在我的研究工作和论文撰写过程中给予了许多有益的帮助和照顾，在此表示衷心的感谢和祝福。

正是众多的无名英雄在辛勤地为我做嫁衣，在我的研究工作和论文撰写过程中给予许多的指导，并做了精心的修改，此书才得以问世，在此表示衷心的感谢和深深的祝福。

今天，我所完成的研究工作，也是以上提及的诸位共同努力的结果，我们心中感激大家，敬重大家，愿善良、博爱、自由和平等恩泽给每个人。愿国家富强、民族昌盛、国民幸福、社会繁荣。谨借此书面世之机，向所有培养、关心、理解、帮助和支持我的人表示深深的谢意和衷心的祝福。

沧海桑田，日月穿梭。抬眼望，千里尽收，祖国在心间。

杨东方

2020 年 11 月 1 日